SUR L'INTRODUCTION
DE
L'ARITHMÉTIQUE INDIENNE EN OCCIDENT
ET SUR DEUX DOCUMENTS IMPORTANTS

PUBLIÉS

PAR LE Prince don BALTHASAR BONCOMPAGNI

ET RELATIFS À CE POINT DE L'HISTOIRE DES SCIENCES.

PAR M. F. WOEPCKE

Membre correspondant de l'Académie Pontificale de'Nuovi Lincei

---

ROME
IMPRIMERIE DES SCIENCES MATHÉMATIQUES ET PHYSIQUES
1859

Il se présente dans l'histoire des sciences certaines questions dont l'énoncé, bien clair et bien simple, ne fait pas pressentir les difficultés que l'on rencontre, lorsqu'on entreprend d'en chercher la solution. Telles sont, par exemple, les questions sur l'âge des zodiaques et de quelques autres monuments astronomiques découverts en Égypte, sur l'origine des mansions lunaires, sur l'invention de l'algèbre; telles sont aussi les questions qui forment l'objet de la présente notice. Ce qui contribue particulièrement à rendre les questions de ce genre obscures et compliquées, c'est que la série des faits dont la connaissance serait nécessaire à l'étude approfondie de leur développement historique, est plus ou moins interrompue. Pour suppléer à ces lacunes quelques uns des savants qui font de pareilles matières l'objet de leurs recherches, se laissent entraîner à recourir à des rapprochements et à des raisonnements qui, tout en étant souvent très-ingénieux, ne se trouvent presque jamais entièrement confirmés, lorsque les faits qu'on tâchait de deviner, viennent d'une manière quelconque à nous être connus. Nous n'avons pas besoin d'ajouter que quelque fois même une très-grande pénétration ne met pas à l'abri des plus graves erreurs ceux qui s'engagent dans une semblable voie. Il doit en être ainsi, parce que la multiplicité et la complication des causes concourantes font entrer dans l'enchaînement des événements de l'histoire politique comme de celle de l'esprit humain, quelque chose d'individuel, d'exceptionnel et pour ainsi dire d'incommensurable, qui se dérobe à la méthode conjecturale et aux procédés rationnels qu'elle doit nécessairement employer. Mille circonstances particulières, impossibles à concevoir *à priori*, produisent des effets bizarres qui mettent en défaut l'esprit le plus subtil et la plus vaste érudition.

Il est une autre méthode, moins brillante en apparence, mais bien plus utile et plus féconde; elle consiste à rechercher et à recueillir les matériaux qui nous manquent, et que des conjectures ne sauraient remplacer. C'est cette voie que poursuit le prince Dom Balthasar Boncompagni avec une ardeur infatigable, récompensée par les plus beaux succès. Nous verrons dans la suite que deux publications récentes du prince Boncompagni répandent une nouvelle et éclatante lumière sur un des problèmes les plus difficiles et en même temps les plus intéressants de l'histoire des sciences mathématiques, celui de l'origine de notre système de numération et de notre arithmétique. Rappelons qu'ordinairement des documents aussi précieux ne sont découverts qu'au prix d'un travail long et pénible, et l'on appréciera à sa juste valeur le dévouement à la science, nécessaire pour arriver à de pareils résultats. Rien de plus aride en effet, ni de plus rebutant que l'étude des manuscrits occidentaux et orientaux contenant les travaux mathématiques du moyen âge; étude souvent infructueuse parce que, pour la plupart de ces manuscrits, l'examen attentif et minutieux auquel on est obligé de les soumettre, aboutit uniquement à la conviction qu'ils ne fournissent pas les éclaircissements qu'on espérait en tirer.

Des deux publications que nous venons de mentionner, l'une est une collection de traités d'arithmétique inédits [*]), extraits de manuscrits conservés dans différentes bibliothèques de l'Europe. C'est sur-tout le premier de ces traités, intitulé « Algoritmi de numero Indorum », qui renferme les données nouvelles dont nous tâcherons de faire ressortir l'importance par les recherches suivantes. L'autre publication est le Liber Abbaci de Léonard de Pise [**]), l'ouvrage qui certainement a le plus contribué à la renaissance des sciences mathématiques en Occident. Si Léonard de Pise a eu des précurseurs, s'il existe des traductions de traités d'algèbre arabes qui lui sont antérieures, il n'en reste pas moins le représentant du passage des sciences mathématiques des Arabes aux Occidentaux, et un des hommes les plus éminents qu'ait produits l'Italie. En publiant ses ouvrages [***]) le prince Boncom-

---

[*]) TRATTATI D'ARITMETICA pubblicati da BALDASSARRE BONCOMPAGNI, socio ordinario dell'accademia pontificia de'nuovi Lincei, e socio corrispondente dell'accademia reale delle scienze di Torino, della reale accademia delle scienze di Napoli, e della pontificia accademia delle scienze dell'Istituto di Bologna. I. ALGORITMI DE NUMERO INDORUM. II. IOANNIS HISPALENSIS LIBER ALGORISMI DE PRATICA ARISMETRICE. Roma, Tipografia delle scienze fisiche e matematiche, In via Lata N.° 211. 1857.

[**]) IL LIBER ABBACI DI LEONARDO PISANO pubblicato secondo la lezione del codice Magliabechiano C. I, 2616, Badia Fiorentina, N.° 73, da BALDASSARRE BONCOMPAGNI, socio ordinario dell'accademia pontificia de'nuovi Lincei, e socio corrispondente dell'accademia reale delle scienze di Torino, della reale accademia delle scienze di Napoli, e della pontificia accademia delle scienze dell'Istituto di Bologna. Roma, Tipografia delle scienze matematiche e fisiche, via Lata num. 211. MDCCCLVII.

[***]) SCRITTI DI LEONARDO PISANO, matematico del secolo decimoterzo pubblicati da BALDASSARRE BONCOMPAGNI, socio ordinario dell'accademia pontificia de'nuovi Lincei, e socio corrispondente dell'acca-

pagni élève un monument impérissable à la gloire de sa nation. Le Liber Abbaci est pour la science du calcul dans toute son étendue un véritable corps de doctrine, dans lequel Léonard de Pise a réuni non seulement les connaissances qu'on possédait de son temps dans son pays ou en Occident, mais aussi celles infiniment plus avancées des Arabes et (par l'intermédiaire des Arabes) des Indiens qu'il a recueillies pendant ses longs voyages [*]. Joint à la « Pratique de la Géométrie » et à quelques traités d'un moindre volume, découverts et publiés également par le prince Boncompagni [**]), il forme une vaste encyclopédie mathématique qui dut initier les géomètres italiens du XIIIe siècle à une science toute nouvelle et préparer les brillants progrès que fit plus tard l'algèbre en Italie.

D'après ce que nous venons de dire du Liber Abbaci on ne s'attendra pas à nous voir donner dans une courte notice comme la présente, une analyse complète et détaillée d'un ouvrage aussi volumineux et aussi riche en matière. Nous nous réservons de faire entrer cette analyse dans un autre travail. Ici nous nous proposons de tirer des premiers chapitres, qui traitent des opérations élémentaires de l'arithmétique, les renseignements nouveaux qu'ils nous ont paru contenir sur l'origine et la propagation de notre système de numération et de notre arithmétique. Toutefois nous essayerons encore, à la fin de cette notice [***]), de donner un aperçu sommaire du contenu du Liber Abbaci, et d'appeler l'attention des lecteurs sur quelques détails qui nous ont semblé dignes d'un intérêt particulier.

D'après l'opinion généralement admise dans les temps modernes c'eût été Ger-

---

demia reale delle scienze di Torino, della reale accademia delle scienze di Napoli, e della pontificia accademia delle scienze dell' Istituto di Bologna. Volume I. Leonardi Pisani Liber Abbaci. Roma, Tipografia delle scienze matematiche e fisiche, via Lata num? 211. MDCCCLVII.

[*]) Il Liber Abbaci, pag. 1. lig. 20 à 21: « Quicquid studebatur ex ea apud egyptum, syriam, greciam, siciliam et prouinciam cum suis uariis modis, ad que loca negotiationis tam postea peragraui per multum stadium et disputationis didici conflictum ».

[**]) OPUSCOLI DI LEONARDO PISANO pubblicati da BALDASSARRE BONCOMPAGNI secondo la lezione di un codice della Biblioteca Ambrosiana di Milano. Seconda edizione. Firenze, Tipografia Galileiana di M. Cellini e C. 1856. Cette publication renferme trois écrits inédits de Léonard de Pise. Le premier de ces écrits est intitulé: « Flos Leonardi bigolli pisani super solutionibus quarumdam questionum ad numerum et ad geometriam vel ad utrumque pertinentium »; le second: « Epistola suprascripti Leonardi ad Magistrum Theodorum phylosophum domini Imperatoris »; le troisième enfin est le célèbre Traité des nombres carrés. Pour de plus amples renseignements concernant ces trois écrits, nous renvoyons à un savant ouvrage du prince Boncompagni, intitulé: « INTORNO AD ALCUNE OPERE DI LEONARDO PISANO matematico del secolo decimoterzo. Notizie raccolte da BALDASSARRE BONCOMPAGNI, socio ordinario dell' accademia pontificia de'nuovi Lincei. Roma, Tipografia delle Belle Arti. 1854. On peut aussi comparer deux notes insérées dans le Journal de mathématiques pures et appliquées publié par M. Liouville, Tome XIX, année 1854, pag. 401 à 406, et Tome XX, année 1855, pag. 56 à 62, intitulées: « Sur un essai de déterminer la nature de la racine d'une équation du troisième degré, contenu dans un ouvrage de Léonard de Pise découvert par M. le prince Balthasar Boncompagni », et « Note sur le Traité des nombres carrés de Léonard de Pise, retrouvé et publié par M. le prince Balthasar Boncompagni.

[***]) Voir l'Addition.

bert (plus tard pape Sylvestre II) qui nous eût rapporté de chez les Arabes d'Espagne la connaissance des chiffres, appelés communément chiffres arabes, de leur emploi avec valeur de position, et des procédés d'arithmétique que comporte ce système de numération.

Il paraît que c'est un passage de la chronique de Guillaume de Malmesbury *)

---

*) WILLIELMI MONACHI MALMESBURIENSIS, DE GESTIS REGUM ANGLORUM, LIBRI QUINQUE. *Ejusdem Historiae Novellae, libri duo. Ejusdem de Pontificibus Anglorum, lib. quinque. Londini, Excudebant G. Bishop, R. Nuberie, et R. Barker Typographi Regii Deputati. Anno ab Incarnatione, MDXCVI. fol.* Fol. 36 recto, lig. 17 et suiv.: « De hoc sane Johanne (ᵃ) qui et Gerbertus dictus est non absurdum erit (ut opinor) si literis mandemus quae per omnium ora volitant. Et Gallia natus monachus a puero apud Floriacum adolevit; moxque cum Pytagoricum bivium attigisset, seu taedio monachatus, seu gloriae cupiditate captus nocte profugit Hispaniam animo praecipue intendens ut Astrologiam, et caeteras, id genus, artes a Saracenis addisceret . . . . . . Saraceni enim, qui Gothos subjugarant, ipsi quoque a Carolo Magno victi, Gallitiam et Lusitaniam maximas Hispaniae provincias amiserunt. Possident usque hodie superiores regiones. Et sicut Christiani Toletum, ita ipsi Hispalim, quam Sibiliam vulgariter vocant, caput regni habent, divinationibus et incantationibus more gentis familiari studentes. Ad hos igitur (ut dixi) Gerbertus perveniens, desiderio satisfecit. Ibi vicit scientia Ptolemaeum in Astrolabio, Alcandraeum in Astrorum interstitio, Julium Firmicum in fato. Ibi quid cantus et volatus avium portendit, didicit, ibi excire tenues ex inferno figuras; ibi postremo quicquid vel noxium vel salubre curiositas humana deprehendit. Nam de licitis artibus Arithmetica, Musica, et Geometria, nihil attinet dicere, quas ita ebibit, ut inferiores ingenio suo ostenderet, et magna industria revocaret in Galliam omnino ibi jam pridem obsoletas. Abacum certe primus a Saracenis rapiens, regulas dedit, quae a sudantibus abacistis vix intelliguntur. Hospitabatur apud quemdam sectae illius Philosophum, quem multis primo expensis, post etiam promissis demerebatur. Nec deerat Saracenus quin scientiam venditaret, assidere frequenter, nunc de seriis, nunc de nugis colloqui, libros ad scribendum praebere. Unus erat codex totius artis conscius, quem nullo modo elicere poterat. Ardebat contra Gerbertus librum quoquo modo ancillari. Semper enim in vetitum nitimur, et quicquid negatur pretiosius putatur. Ad preces ergo conversus orare per Deum, per amicitiam, multa offerre, plurima polliceri, ubi id parum procedit nocturnas insidias tentat. Ita hominem (connivente etiam filia, cum qua assiduitas familiaritatem paraverat) vino intradens, volumen sub cervicali positum arripuit, et fugit. Ille somno excussus, indicio stellarum, qua peritus erat arte, insequitur fugitantem. Profugus quoque respiciens, eademque scientia periculum comperiens sub ponte ligneo, qui proximus erat, se occuluit, pendulus et pontem amplectens, ut nec aquam nec terram tangeret. Ita quaerentis aviditas frustrata domum revertitur. Tunc Gerbertus viam celerans, devenit ad mare. Ibi per incantationes diabolo accersito, perpetuum paciscitur hominium (ᵇ) si se ab illo, qui denuo insequebatur, defensatum ultra pelagus everreret. Et factum est. Sed haec vulgariter ficta crederet aliquis, eo quod soleat populus literatorum famam laedere, dicens illum loqui cum daemone, quem in aliquo viderint excellentem opere . . . . . . Mihi vero fidem facit de istius sacrilegio, inaudita mortis excogitatio. Cur enim se moriens, ut postea dicemus, excarnificaret ipse sui corporis horrendus lanista, nisi novi sceleris conscius esset. Unde in vetusto volumine quod in manus meas incidit, ubi omnia Apostolicorum nomina continebantur et anni, ita scriptam vidi. Johannes qui et Gerbertus menses decem: hic turpiter vitam suam finivit. Gerbertus Galliam repatrians, publicasque scholas professus artem magisterii attigit; habebat conphilosophos, et studiorum socios, Constantinum Abbatem monasterii sancti Maximini, quod est juxta Aurelianis (*sic*), ad quem edidit regulas de abaco: Ethelbaldum episcopum, ut dicunt, Winteburgensem, qui et ipse monimenta ingenii dedit in epistola, quam facit ad Gerbertum de quaestione diametri super Macrobium, et in nonnullis aliis. Habuit discipulos praedicandae indolis et prosapiae nobilis, Robertum filium Hugonis cognomento Capet, Othonem filium Othonis imperatoris. Robertus postea rex Franciae magistro vicem reddidit, et Archiepiscopum Rhemensem fecit. Extant enim apud illam ecclesiam doctrinae ipsius

(ᵃ) Guillaume de Malmesbury identifie erronément Gerbert avec le pape Jean XV.
(ᵇ) Dans l'édition de cette chronique qui fait partie de l'ouvrage intitulé: RERUM ANGLICARUM SCRIPTORES POST BEDAM PRAECIPUI, *Francofurti, MDCI, fol.*, on lit *dominium* au lieu de *hominium*.

écrité au XIIe siècle, qu'on doit considérer comme la première source de cette opinion, et c'est probablement sur la foi de cet auteur qu'on l'a émise après lui *), jusqu'à ce qu'enfin elle ait été universellement accréditée.

Mais M. Chasles **) a fait remarquer qu'à ce témoignage on peut opposer celui d'un élève et ami ***) de Gerbert, Richer, moine de Saint Remi de Reims. Dans son histoire des évènements du Xe siècle, Richer, quoique consacrant une très-ample notice aux études de Gerbert et à son mérite comme restaurateur des sciences ****),

documenta, horologium arte mechanica compositum, organa hydraulica, ubi mirum in modum per aquae calefactae violentiam ventus emergens implet concavitatem barbiti, et per multiforatiles transitus aereae fistulae modulatos clamores emittunt. Et erat ipse rex in ecclesiasticis cantibus non mediocriter doctus, et tum in hoc, tum in caeteris multum ecclesiae profuit. Denique pulcherrimam sequentiam, Sancti spiritus nobis assit gratia, et responsorium, Iuda et Ierusalem contexuit, et alia plura, quae non pigeret me dicere, si non alios pigeret audire. Otho post patrem imperator Italiae, Gerbertum Archiepiscopum Ravennatem, et mox Papam Romanum creavit. Urgebat ipse fortunas suas fautore diabolo, ut nihil quod semel excogitasset, imperfectum relinqueret. Denique thesauros olim a gentilibus defossos, arte necromantiae molibus eruderatis inventos, cupiditatibus suis implicuit. Adeo improborum in Deum vitis affectus, et ejus abutuntur patientia, quos ille redire mallet quam perire ».

*) Voir IOHANNIS WALLIS S. T. D. Geometriae Professoris Saviliani, in Celeberrima Academia Oxoniensi, DE ALGEBRA TRACTATUS, HISTORICUS ET PRACTICUS, etc. Operum Mathematicorum Volumen alterum. Oxoniae, e theatro Sheldoniano MDCXCIII, Pag. 16, lig. 18 à pag. 19 lig. 10. — ALGEBRA, WITH ARITHMETIC AND MENSURATION, FROM THE SANSCRIT OF BRAHMEGUPTA AND BHASCARA. Translated by HENRY THOMAS COLEBROOKE. London. John Murray, Albemarle street. 1817. Pag. LIII, lig. 8 à 21.

**) Voir EXPLICATION DES TRAITÉS DE L'ABACUS, ET PARTICULIÈREMENT DU TRAITÉ DE GERBERT; par M. CHASLES, Comptes rendus des séances de l'Académie des Sciences, séance du 23 janvier 1843.

***) Voir MONUMENTA GERMANIAE HISTORICA inde ab anno Christi quingentesimo usque ad annum millesimum et quingentesimum edidit G. H. PERTZ, serenissimae familiae Welficae ab historia scribenda. Scriptorum tomus III. Hanoverae, 1839. fol. Pag. 562.

****) Monumenta Germaniae etc. pag. 616 à pag. 621. Richeri Historiarum lib. III, cap. 43 à 65:

« 43. Cui etiam cum apud sese super hoc aliqua deliberaret, ab ipsa Divinitate directus est Gerbertus, magni ingenii ac miri eloquii vir, quo postmodum tota Gallia ac si lucerna ardente, vibrabunda refulsit. Qui Aquitanus genere, in coenobio [Aureliae in Praefectura Cantal] sancti confessoris Geroldi a puero altus, et grammatica edoctus est. In quo utpote adolescens cum adhuc intentus moraretur, Borrellum citerioris Hispaniae ducem orandi gratia ad idem coenobium contigit devenisse. Qui a loci abbate humanissime exceptus, post sermones quotlibet, an in artibus perfecti in Hispaniis habeantur, sciscitatur. Quod cum promptissime assereret, ei mox ab abbate persuasum est, ut suorum aliquem susciperet, secumque in artibus docendam duceret. Dux itaque non ab..ens, petenti liberaliter favit, ac fratrum consensu Gerbertum assumptum duxit, atque Hattoni episcopo [Ausonensi] instruendum commisit. Apud quem etiam in mathesi plurimum et efficaciter studuit. Sed cum Divinitas Galliam jam caligantem magno lumine relucere voluit, praedictis duci et episcopo mentem dedit, ut Romam oraturi peterent. Paratisque necessariis, iter carpunt, ac adolescentem commissum secum deducunt. Inde Urbem ingressi, post preces ante sanctos apostolos effusas, beatae recordationis papam .... [Iohannem XIII. qui annis 965 Oct. — 972 Sept. 5. sedit] adeunt, ac sese ei indicant, quodque visum est de suo jocundissime impertiunt ».

« 44. Nec latuit papam adolescentis industria, simulque et discendi voluntas. Et quia musica et astronomia in Italia tunc penitus ignorabantur, mox papa Ottoni regi Germaniae et Italiae per legatum indicavit, illoc hujusmodi advenisse juvenem, qui mathesim optime nosset, suosque strenue docere valeret. Mox etiam ab rege papae suggestum est, ut juvenem retineret, nullumque regrediendi aditum ei ullo modo praeberet. Sed et duci atque episcopo qui ab Hispaniis convenerant, a papa modestissime indicitur, regem velle sibi juvenem ad tempus retinere, ac non multo post eum sese cum honore remissurum;

ne mentionne en aucune façon qu'il en ait puisé la connaissance chez les Arabes. Il est vrai que Richer parle aussi d'un voyage de Gerbert en Espagne, mais en des termes bien différents de ceux de Guillaume de Malmesbury; et il suffira sans doute de lire les deux relations que nous venons de reproduire en note, pour reconnaître que le premier nous raconte l'histoire de Gerbert, tandisque le second nous en donne la légende ou plutôt le roman. « Aussi », dit M. Chasles, « prouverai-je ailleurs que Gerbert a, en effet, contribué puissamment a rétablir dans les Gaules l'usage de cette ancienne méthode des Romains *), et que c'est là seulement la part que lui faisaient ses contemporains; car ils n'ont jamais dit, comme Guillaume de Malmesbury et tant d'autres après lui, que Gerbert eût rapporté cette doctrine de chez les Sarrasins, ni même qu'il l'eût enseignée le premier en France. »

A cet *argumentum a silentio* tiré de l'histoire de Richer, il se joint une autre preuve plus décisive encore pour démontrer que ce n'est pas aux Arabes d'Espagne, par l'intermédiaire de Gerbert, que l'Occident doit la connaissance des neuf

---

insuper etiam gratias inde recompensaturum. Itaque duci ac episcopo id persuasum est, ut hoc pacto juvene dimisso, ipsi in Hispanias iter retorquerent. Iuvenis igitur apud papam relictus, ab eo regi oblatus est. Qui de arte sua interrogatus, in mathesi se satis posse, logicae vero scientiam se addiscere velle respondit. Ad quam quia pervenire moliebatur, non adeo in docendo ibi moratus est. »

» 43. Quo tempore G. Remensium archidiaconus in logica clarissimus habebatur. Qui etiam a Lothario Francorum rege eadem tempestate Ottoni regi Italiae legatus directus est. Cujus adventu juvenis exhilaratus, regem adiit, atque ut G....o committeretur obtinuit. E G....o per aliquot tempora haesit, Remosque ab eo deductus est. A quo etiam logicae scientiam accipiens, in brevi admodum profecit, G....s vero cum mathesi operam daret, artis difficultate victus, a musica rejectus est. Gerbertus interea studiorum nobilitate praedicto metropolitano (a) commendatus, ejus gratiam prae omnibus promeruit. Unde et ab eo rogatus, discipulorum turmas artibus instruendas ei adhibuit. »

Dans le chapitres 46 à 53 Richer décrit la méthode suivie par Gerbert dans l'enseignement de la dialectique, de la rhétorique, de la musique et de l'astronomie, ainsi que plusieurs instruments inventés par Gerbert pour faciliter aux élèves l'intelligence de cette dernière science. Ensuite il continue ainsi :

» 54. In geometria vero non minor in docendo labor expensus est. Cujus introductioni, abacum id est tabulam dimensionibus aptam opere scutarii effecit. Cujus longitudini, in 27 partibus diductae, novem numero notas omnem numerum significantes disposuit. Ad quarum etiam similitudinem, mille corneos effecit caracteres, qui per 27 abaci partes mutuati, cujusque numeri multiplicationem sive divisionem designarent; tanto compendio numerorum multitudinem dividentes vel multiplicantes, ut prae nimia numerositate potius intelligi quam verbis valerent ostendi. Quorum scientiam qui ad plenum scire desiderat, legat ejus librum quem scribit ad C. grammaticum [*ad Constantinum, de divisione numerorum*]; ibi enim haec satis habundanterque tractata inveniet. »

» 55. Fervebat studiis, numerusque discipulorum in dies accrescebat. Nomen etiam tanti doctoris, ferebatur non solum per Gallias sed etiam per Germaniae populos dilatabatur. Transiitque per Alpes, ac diffunditur in Italiam, usque Thirrenum, et Adriaticum. »

Dans le reste de ce chapitre et dans les chapitres 56 à 63 Richer raconte les circonstances qui amenèrent une dispute entre Gerbert et un philosophe saxon nommé Otric, fameux dans ce temps, ainsi que la manière dont cette dispute se passa en présence de l'empereur Othon en 970.

*) Le système de l'Abacus.

(a) Adalberoni.

chiffres et de la valeur de position. Cette preuve est contenue dans un passage du premier livre de la Géométrie de Boèce *), devenu célèbre par les commen-

*) Pour établir le texte de ce passage tel qu'on le trouve ci-après, nous nous sommes servi du Ms. 7377. C. ancien fonds latin de la Bibliothèque Impériale, fol. 23 v°, lig. 28 à fol. 26 r°, lig. 30; du Ms. 7185 ancien fonds latin de la Bibliothèque Impériale, fol. 69 r°, lig. 21 à fol. 71 v°, lig. 1; de l'édition de Bâle des Oeuvres de Boèce (*Anitii Manlii Severini Boethi opera omnia. Basileae, ex officina H. Petrina.* 1570. fol.), pag. 1317, lig. 23 et suiv.; et de l'édition de Venise des Oeuvres de Boèce (« Venetiis. Impressum Boetii opus per Ioannem et Gregorium de gregoriis fratres felici exitu ad finem usque perductum accuratissimeque emendatum Anno humane restaurationis. 1499. die 8. Iulii. Augustino Barbadico Serenissimo Venetiarum principe Rempu. tenente. »), 3.e partie, fol. 63 v°, col. b, lig. 21 et suiv. En indiquant les variantes nous désignerons ces quatre textes respectivement par les lettres A, B, C, D. Nous donnerons les leçons différentes du texte que nous avons adopté, seulement où cela nous paraît réellement utile; et notamment en ce qui concerne le passage relatif à la manière de placer les digits et les articles dans la multiplication, nous nous sommes borné à suivre le Ms. 7377. C. sans mentionner les leçons des éditions de Bâle et de Venise dans lesquelles cette partie du texte est extrêmement corrompue. Voici maintenant le passage dont il s'agit:

Nosse autem hujus artis dispicientem (a): quid sint digiti, quid articuli, quid compositi, quid incompositi numeri, quid multiplicatores quidve divisores, ad hujus formae speculationem, quam sumus tradituri, oportet.

Digitos vero quoscunque infra primum limitem, id est omnes, quos ab unitate usque ad denariam summam numeramus, veteres appellare consueverunt. Articuli autem omnes deceno (b) in ordine positi et in infinitum progressi, nuncupantur. Compositi quippe numeri sunt omnes a primo limite, id est a X., usque ad secundum limitem, id est XX., ceterique sese in ordine sequentes exceptis limitibus; incompositi autem sunt digiti omnes, annumeratis etiam omnibus limitibus. Multiplicatores igitur numeri mutua in semet replicatione volvuntur; id est interdum major minoris, interdum autem minor majoris multiplicator existit, interdum vero numerus in se excrescens multiplicationis augmenta suscipit. Divisores autem majorum semper minores constituuntur numeri. (c)

Priscae igitur prudentiae viri Pythagoricum dogma secuti, Platonicaeque auctoritatis investigatores speculatoresque curiosi, totum philosophiae culmen in numerorum vi constituerunt. Quis enim musicarum modulamina symphoniarum numerorum expertia censendo (d) pernoscat? Quis ipsius firmamenti sidera, corpora (e) stellis compacta, naturae numerorum ignarus deprehendat, ortusque signorum et occasus colligat? De arithmetica vero (f) geometrica quid attinet dicere; cum, si vis numerorum pereat, nec in nominando appareat (g)? De quibus (h) quia in arithmeticis et in musicis sat dictum est, ad dicenda revertamur.

Pythagorici vero, ne in multiplicationibus et partitionibus et in podismis aliquando fallerentur, ut in omnibus erant ingeniosissimi et subtilissimi, descripserunt sibi quandam formulam, quam ob honorem sui praeceptoris mensam Pythagoream nominabant, quia hoc quod depinxerant, magistro praemonstrante cognoverant (a posterioribus appellabatur abacus), ut, quod alia mente conceperant, melius, si quasi videndo ostenderent, in notitiam omnium transfundere possent, eamque subterius habita sat mira descriptione formabant. (i)

(a) dispicientem, A. — despicientem, B. C. D.
(b) omnes deceno, C. D. — omnes a deceno, A. B.
(c) A. C. D. placent entre cet alinéa et l'alinéa suivant, en guise de titre, les mots: De ratione Abaci. Ces mots ne se trouvent pas dans B.
(d) numerorum expertia censendo, C. D. — numerorum expers censendo scientiae, A. — numerorum sine experientia censendo, B.
(e) sydera, corpora, A. — siderea corpora, C. D. — sidera manque dans B.
(f) vero geometrica, C. D. — vero et geometrica, A. B.
(g) appareat, C. D. — apparent, A. B.
(h) quibus, A. B. — quis, C. D.
(i) Dans A. B. et D. il suit ici un blanc qui occupe dans D. la partie supérieure de la page fol. 64 r°, et dans B. les sept premières lignes de la page fol. 70 r°, et qui a occupé dans A. les deux pages fol. 24 v° et fol. 25 r°; mais il paraît que dans ce dernier ms. on a profité plus tard du vide laissé pour y placer une note et une lettre, relatives à la mesure de la terre, qui occupent actuellement la première de ces deux pages et un tiers environ de la seconde. Dans C. on trouve en cet endroit la table de la multiplication.

2

Superius vero digestae descriptionis formula hoc modo utebantur. Habebant enim diverse formatos apices, vel caracteres. Quidam enim huiuscemodi apicum notas sibi conscripserant, ut haec notula responderet unitati, 1. Ista autem binario, 2. Tertia vero tribus, 3. Quarta autem quaternario, 4. Haec autem quinque ascriberetur, 5. Ista autem senario, 6. Septima autem septenario conveniret, 7. Haec vero octo, 8. Ista autem novenario jungeretur, 9. (j) Quidam vero in hujus formae depictione literas alphabeti sibi assumebant hoc pacto, ut litera quae esset prima unitati, secunda binario, tertia ternario, ceteraeque in ordine naturali numero responderent naturali. Alii autem in hujusmodi opus apices naturali numero (k) insignitos et inscriptos (l) tantummodo sortiti sunt.

Hos etenim apices ita varie ceu pulverem dispergere in multiplicando et in dividendo consuerunt: ut, si sub unitate naturalis numeri ordinem jam dictos caracteres (m) adjungendo locarent, non alii quam digiti nascerentur. Primum autem numerum, id est binarium (unitas enim, ut in arithmeticis est dictum, numerus non est, sed fons et origo numerorum), sub linea deceno inscripta ponentes XX., et ternarium XXX., et quaternarium XL., ceterosque in ordine sese sequentes proprias secundum denominationes assignare constituerunt. Sub linea vero centeno insignita numero eosdem apices ponentes binarium ducentis, ternarium trecentis, quaternarium quadringentis, ceterosque certis denominationibus respondere decreverunt. In sequentibus (n) vero paginularum lineis idem facientes nullo erroris nubilo obtenebrabantur (o).

Scire autem oportet et diligenti examinatione discutere, in multiplicando et partiendo, cui paginulae digiti, et cui articuli sint adjungendi. (r)

Nam singularis multiplicator deceni: digitos in decenis, articulos in centenis; idem vero singularis multiplicator centeni: digitos in centenis, articulos in millenis; et multiplicator milleni: digitos in millenis et articulos in decenis millenis; et multiplicator centeni milleni: digitos in centenis millenis, articulos autem in millenis milibus habebit.

Decenus autem suimet ipsius multiplicator: digitos in pagina C. inscripta, articulos in millenis; et multiplicator centeni: digitos in millenis et articulos in $\overline{X}$. (q); et multiplicator milleni: digitos in $\overline{X}$. et articulos in C$\overline{M}$.; et multiplicator centeni milleni: digitos in millenis milibus et articulos in decies millenis milibus habebit.

Centenus vero aeque suimet ipsius multiplicator: digitos in $\overline{X}$. et articulos in $\overline{C}$.; et millenum multiplicans: digitos in C$\overline{M}$. et articulos in M$\overline{M}$.; et decenum millenum multiplicans: digitos in M$\overline{M}$. et articulos in decies M$\overline{M}$.; et centenum millenum multiplicans: digitos in decies M$\overline{M}$. et articulos in centies M$\overline{M}$. subtendet.

Millenus itidem se ipsum multiplicans: digitos in decies $\overline{C}$. et articulos in centies $\overline{C}$.; et decenum millenum excrescere faciens: digitos in decies M$\overline{M}$. et articulos in centies M$\overline{M}$. (t); et centeni milleni multiplicator: digitos in centies M$\overline{M}$. et articulos in millies M$\overline{M}$. habere dignoscetur.

(j) Dans A. les chiffres 1, 2, 3, etc. que nous avons remplacés dans le texte ci-dessus par nos chiffres ordinaires, ont la forme suivante :

[row of numeral glyphs 1–9]

Nous devons signaler la ressemblance entre la forme de ces chiffres et celle des chiffres qu'on trouve dans des manuscrits des Arabes de l'Occident, et qui ont été reproduits dans le Journal asiatique, cahier d'octobre - novembre 1834, pag. 359, lig. 17. Au contraire cette forme se distingue essentiellement de celle des chiffres (beaucoup plus connus) qu'on trouve chez les Arabes de l'Orient, reproduits au même endroit, lig. 18. Nous dirons qu'il y a lieu de croire que les Arabes de l'Occident empruntèrent leurs chiffres aux Latins, avec lesquels leurs conquêtes les mirent en contact, comme les Arabes de l'Orient adoptèrent les chiffres des Indiens.

(k) Les mots e responderent . . . numero : manquent dans C. D.
(l) insignitos et inscriptos, C. D.
(m) ordinem jam dictos caracteres, A. C. D. — jam dictos ordine caracteres, B.
(n) In sequentibus, C. D. — Insequentibus, B. — Insequentes, A.
(o) obtenebrabantur, B. — obtenebrantur, C. D. — obtenebantur, A.
(p) On comprendra fort aisément les règles suivantes relatives à la multiplication en consultant un tableau à colonnes au haut desquelles sont inscrits les signes numéraux suivants :

| C$\overline{M}$ | X$\overline{M}$ | M$\overline{M}$ | C$\overline{M}$ | X$\overline{M}$ | M$\overline{M}$ | $\overline{C}$ | $\overline{X}$ | M | C | X | I |

(q) Un trait superposé multiplie par mille le nombre auquel il est superposé.
(r) Le passage relatif à la multiplication des mille par les dix mille manque dans A.

taires et les discussions dont il a été l'objet *). Nous pensons qu'il est difficile de ne pas voir dans ce passage la description d'un système de numération employant

> Decenus autem millenus multiplicator centeni milleni : digitos in millies M̄Ī. et articulos in XM̄Ī; seque ipsum adaugens : digitos in CM̄Ī. et articulos in MM̄Ī. habere deprehendetur. (¹)
> Centenus autem millenus se ipsum multiplicans : digitos in decies M̄Ī. et articulos in centies M̄Ī supponet. (¹)
> Divisiones igitur quantalibet jam ex parte lectoris animus introductus, facile valet dignoscere. Breviter enim de his et summotenus dicturi, siquá obscura intervenerint, diligenti lectorum exercitio adinvestiganda (ᵐ) committimus.
> Si decenus per se, vel centenus per se, vel ulteriores per semet ipsos dividendi proponantur : minores a majoribus, quoadusque dividantur, sunt subtrahendi.
> Singularem autem divisorem deceni, aut centeni, aut milleni, aut ulteriorum, vel decenum divisorem se sequentium (ᵥ): sumpta differentia eos dividere oportet.
> Compositus autem decenus cum singulari per secundas, vel tertias et deinceps, secundum denominationem partium, decenum vel simplicem, vel compositum divisurus est.
> Centenum vero, vel millenum, vel ulteriores per decenum compositum, si diligens investigator accesserit, sumpta (ᵐ) differentia, et primis articulis dividendo vel secundatis appositis (ˣ), auctis autem dividendo suppositis, dividi posse pernoscet.
> Centenus autem cum singulari compositus centenum vel millenum hoc pacto dividere cognoscitur. Sumpto igitur uno dividendorum, quod residuum fuerit divisori est coaequandum, et quod superabundaverit sepositis reservandum. Singularis autem, vel, ut alii volunt, minutum (γ) per coaequationem majorum est multiplicandum, et digitis quidem perfecta differentia supponenda, articulis autem imperfecta est praeponenda, et prius semoto integra adjungenda (ᵶ). Et hae differentiae (ᵃᵃ), et si forte aliquis seclusus sit, significant (ᵇᵇ) quod residuum sit ex dividendis.
> Haec vero brevi introductione praelibantes, siqua obscure sunt dicta, vel, ne taedio forent, praetermissa, diligentis (ᶜᶜ) exercitio lectoris committimus, terminum hujus libri facientes et quasi ad ulteriora (ᵈᵈ) sequentium nos convertentes.

*) Voir POMPONII MELAE LIBRI TRES DE SITU ORBIS. *Cum observationibus Isaaci Vossii. Accedunt ejusdem Vossii observationum ad Pomponium Melam appendix et tres indices. Editio secunda, in qua observationes textui subjectos sunt, quae in prima editione in fine operis apparebant. Franekerae, apud Leonardum Strickium, bibliopolam. MDCC.* Pag. 85, Lib. I, cap. 12, note 1. — DE CHARACTERIBUS NUMERORUM VULGARIBUS ET EORUM AETATIBUS VETERUM MONIMENTORUM FIDE ILLUSTRATIS *dissertatio mathematico-critica a* IOANNE FRIDERICO WEIDLERO *f. u. d. et mathes. p. p. et* M. GEORGIO IMMANUELE WEIDLERO *ss. theol. cult. Wittenbergae.* d. C. *MDCCXXVII, d. XVIII Iulii publice defensa. Wittenbergae, typis Gerdesianis.* — D. IO. FRIDERICI WEIDLERI *mathematum superiorum professoris ordinarii, regiis societatibus scientiarum Britannicae et Prussicae adscripti, h. t. ordinis philosophorum in Academia Wittenbergensi decani et Comitis palatini caesarei* SPICILEGIUM OBSERVATIONUM AD HISTORIAM NOTARUM NUMERALIUM PERTINENTIUM. *Wittenbergae d. IV. Ian. MDCCLV. Prelo Ephraim Gottlob Eichsfeldii Academiae a typis.* — HISTOIRE DES MATHÉMATIQUES etc. *Nouvelle édition, considérablement augmentée, et prolongée jusque vers l'époque actuelle;* PAR I. F. MONTUCLA, *de l'Institut national de France. Paris, an VII.* Tome I, pag. 122, lig. 29 à pag. 123, lig. 20. — DE NUMERORUM QUOS ARI-

(ᵏ) depechendetar, C. D. — deprehendatur, A. B.
(ˡ) supponet, A. B. — supponit, C. D. — Entre cet alinéa et l'alinéa suivant C. D. portent le titre : De divisionibus rubricis.
(ᵐ) adinvestiganda, B. C. — ad investigando, A. D.
(ᵥ) divisorem se sequentium, C. D. — divisorem sequentium, A. B.
(ˣ) sumpta manque dans A. B.
(ᵃ) appositis, B. C. D. — oppositis A.
(γ) munitum, C. F.
(ᵶ) Les mots: et prius semoto integra adjungenda, manquent dans A. B.
(ᵃᵃ) haec differentiae, C. D.
(ᵇᵇ) significarit, C. D.
(ᶜᶜ) diligenti, B.
(ᵈᵈ) ulteriora, B. C. D. — utiliora, A.

la valeur de position *), et de ne pas reconnaître la ressemblance que les *apices* de Boèce, tels qu'ils se trouvent dans les mss. de Paris, de Chartres et d'Altdorf, présentent avec nos chiffres actuels. Il est important de remarquer que Boèce attribue aux Pythagoriciens **) l'invention de ce système de numération qui, dit M. Chasles, « est identique, quant aux principes, à notre arithmétique actuelle, et n'en diffère en pratique qu'en ce seul point, qu'on faisait usage d'un *tableau à colonnes* pour indiquer les différents ordres d'unités décuples, ce qui permettait de marquer par une *place vide*, l'absence d'un nombre, que nous marquons aujourd'hui par un signe figuré; c'est à dire en d'autres termes, que, dans ce système, le *zéro* était une *place vide*. »

Pour donner à cette interprétation du passage de Boèce toute la valeur qu'elle doit avoir pour l'histoire de l'Arithmétique, et pour pouvoir tirer toutes les conséquences qu'elle entraine, il fallut y joindre l'explication de la lettre adressée par Gerbert à Constantin ***), dans laquelle il enseigne les règles de la multiplication

---

DICOS VOCANT VERA ORIGINE PYTHAGORICA *commentatur* CONRAD MANSEAT, *Histor. Prof. p. o. in Acad. Altdorfina. Norimbergae in bibliopolio Schneideriano,* 1801. — APERÇU HISTORIQUE SUR L'ORIGINE ET LE DÉVELOPPEMENT DES MÉTHODES EN GÉOMÉTRIE, *particulièrement de celles qui se rapportent à la géométrie moderne, suivi d'un mémoire de géométrie sur deux principes généraux de la science, la dualité et l'homographie;* PAR M. CHASLES, *ancien élève de l'école polytechnique. Bruxelles,* 1837. Tome XI *des mémoires couronnés par l'Académie Royale de Bruxelles.* Pag. 464 à 476. — HISTOIRE DES SCIENCES MATHÉMATIQUES EN ITALIE, *depuis la renaissance des lettres jusqu'à la fin du dix-septième siècle,* PAR GUILLAUME LIBRI. *A Paris, chez Jules Renouard et C.ie, libraires, rue de Tournon N.º* 6. Tome II, Page 237 à 304.

*) Pour pouvoir nier l'existence de ce système chez les Latins du VI.e siècle, il faudrait démontrer d'abord, par des preuves *positives*, que le passage que nous venons de donner en note, n'est pas dû à Boèce. Qu'il nous soit permis de dire à cette occasion que nous ne saurions partager l'opinion de quelques savants qui ont conclu, de ce passage, que Boèce lui-même n'aurait eu qu'une intelligence imparfaite du système d'arithmétique dont il explique les principes. Au contraire nous devons dire que les principes de numération et les règles de la multiplication nous paraissent exposés avec une clarté et une précision parfaites; quant à l'obscurité, assez grande en effet, des règles de la division, elle nous parait provenir du désir de l'auteur de parler en fort peu de mots des opérations très-compliquées, mais non pas de ce que Boèce n'aurait pas parfaitement connu ces opérations mêmes. C'est ce qu'on prouvera en restituant les règles complètes de la division dont Boèce ne donne que quelques indications. On trouve la clef d'une pareille restitution ou interprétation dans le mémoire ci-dessus cité de M. Chasles sur le traité de Gerbert.

**) Dans un savant mémoire « *sur l'origine de nos chiffres et sur l'Abacus des Pythagoriciens* » publié dans le tome IV.e du Journal de mathématiques de M. Liouville, M. *Vincent* soumet à un examen détaillé les noms qui, dans divers mss., se trouvent écrits au-dessus des *apices* de Boèce. Il est conduit par cet examen à la conclusion que « c'est très probablement de quelque secte philosophique juive, kabbale, gnose, ou autre, que nous tenons nos chiffres. » — Du reste les mots de Boèce: « viri Pythagoricum dogma secuti, Platonicaeque auctoritatis investigatores speculatoresque curiosi », nous semblent indiquer assez clairement les Néo-pythagoriciens.

***) Cette lettre se trouve imprimée dans les oeuvres de Bède: OPERA BEDAE VENERABILIS PRAESBYTERI, ASGLOSAXONIS: *viri in divinis atque humanis literis exercitatissimi: omnia in octo Tomos distincta, prout statim post Praefationem suo Elencho enumerantur. Addito Rerum et Verborum Indice copio-*

et de la division. Mais cette explication offrit de grandes difficultés, le texte de la lettre de Gerbert étant très-obscur par suite d'une concision extrême. On ne pouvait espérer d'en pénétrer le sens à moins de découvrir d'autres traités dans lesquels le même système fût exposé avec plus de clarté et d'une manière plus développée. Dans ce but M. Chasles se livra à une étude aussi étendue que consciencieuse des manuscrits relatifs à l'arithmétique du moyen âge, conservés dans diverses bibliothèques de la France, et d'autres parties de l'Europe. Il réunit les fruits de ces recherches dans une suite de mémoires insérés dans les Comptes rendus de l'Académie des Sciences [*]), dans lesquels on remarque la profondeur et la sagacité qui distinguent les oeuvres de l'illustre géomètre. Les résultats auxquels M. Chasles arrive, sont résumés dans les passages suivants que nous extrayons des mémoires que nous venons de citer:

« Le passage de la Géométrie de Boèce, la Lettre de Gerbert à Constantin, et les autres pièces sur l'Abacus, écrites au Xe. et au XIe. siècle, sont des Traités d'arithmétique dans le même système que notre arithmétique actuelle, c'est à dire où l'on fait usage de neuf chiffres, qui prennent des valeurs de position en progression décuple. »

« Depuis le Xe. siècle, d'où date le traité de Gerbert, ce mode de calcul, enseigné dans les écoles, s'est répandu et a fait de grands progrès. Les auteurs se sont familiarisés avec ses règles, d'abord assez abstruses, très-diverses et manquant de généralité; ils les ont généralisées et en ont rendu en même temps l'exposition plus simple et plus claire; leur style, en un mot, est devenu plus facile et leurs ou-

---

sissimo. *Cum Caesareae Majestatis gratia et privilegio, Regisque Galliarum ad decennium. Basileae per Ioannem Hervagium, Anno M. D. LXIII.* Tom I, pag. 159 à 163. — Dans la collection des lettres de Gerbert publiée sous le titre suivant: EPISTOLAE GERBERTI PRIMO REMORUM DEIN RAVENNATUM ARCHIEPISCOPI, POSTEA ROMANI PONTIFICIS SILVESTRI SECUNDI. *Quibus accessit Decretum Electionis ejus, anno Domini 998. Epistolae Ioannis Saresberiensis etc. etc. Nunc primum in lucem editae e Bibliotheca Papirii Massoni, Forensis, in Senatu Parisiensi Advocati. Auspiciis Antistitum et Cleri Galliae. Parisiis apud Macaeum Ruette, Via Iacobaea sub Sole aureo. M. DC. XI. Cum Privilegio Regis,* on trouve pag. 71, lig. 21 à pag. 72, lig. 6 la lettre dédicatoire, qui précède le traité « de numerorum divisione » depuis les mots: « Constantino suo Gerbertus Scholasticus. Vis amicitiae poene impossibilia etc. » jusqu'aux mots: « plena fide comparatam. » Ensuite on y lit pag. 72, lig. 7 à 13:

« Haec Epistola praeficitur libello suo de Numerorum divisione,
« cujus initium est,
« De Simplici
« Si multiplicaveris singularem numerum per singularem, dabis unicuique digito singularem, et omni
« articulo decem, diserte (*sic*) scilicet et conversim etc.
« Finis Epistolarum Gerberti. »

Enfin cette lettre a été de nouveau publiée, traduite et commentée par M. CHASLES dans les COMPTES RENDUS DE L'ACADÉMIE DES SCIENCES, *Séance du 6 février* 1843.

*) Séances des 23 et 30 janvier, 6 février, 26 juin, et 24 juillet 1843.

vrages plus intelligibles. On peut assigner à chacun une date assez problable, dans l'espace d'un siècle et demi qui sépare le X°. siècle du commencement du XII°. »

« Je fixe cette limite du XII°. siècle, parce que plus tard les traités d'arithmétique, sauf quelques exceptions, ne portent plus le nom d'*Abacus*; ils prennent presque tous celui d'*Algorisme*. Et ce qui distingue alors les nouveaux traités des anciens, c'est qu'on ne fait plus usage du *tableau à colonnes*, et qu'on lui a substitué, en quelque sorte, l'usage exclusif du *zéro*. C'est à cette époque aussi qu'on a commencé à introduire les chiffres dans l'écriture. Le passage d'un système à l'autre marque une ère nouvelle, et forme un point très-curieux de l'histoire de notre arithmétique. »

« C'est donc au commencement du XII°. siècle que j'attribue les derniers traités écrits dans le système de l'Abacus proprement dit. »

Ces vérités, acquises à l'histoire des sciences par les travaux de M. Chasles, paraissaient cependant ne s'accorder que difficilement avec quelques autres faits non moins incontestables.

On savait de manière à ne pas en douter que les chiffres avec valeur de position et emploi d'un signe pour zéro, avaient été en usage chez les Arabes; on n'ignorait pas non plus que les auteurs arabes ne donnent jamais ce système de numération pour une invention de leur nation, mais qu'ils avouent unanimement que ce système leur est venu de l'Inde. Enfin on connaissait, depuis Targioni [*], la préface du Liber Abbaci de Léonard de Pise, et on avait remarqué dans cette préface le passage suivant: [**]

« Cum genitor meus a patria publicus scriba in duana bugee pro pisanis mercatoribus ad eam confluentibus constitutus preesset, me in pueritia mea ad se uenire faciens, inspecta utilitate et commoditate futura, ibi me studio abbaci per aliquot dies stare uoluit et doceri. Ubi ex mirabili magisterio in arte per nouem figuras indorum introductus, scientia artis in tantum mihi pre ceteris placuit, et intellexi ad illam, quod quicquid studebatur ex ea apud egyptum, syriam, greciam, siciliam et prouinciam cum suis uariis modis, ad que loca negotiationis tam postea peragraui per multum studium et disputationis didici conflictum. Sed hoc totum etiam et algorismum atque arcus pictagore quasi errorem computaui respectu modi indorum. Quare amplectens strictius ipsum modum indorum, et attentius studens in eo,

---

[*] Relazioni d'alcuni viaggi fatti in diverse parti della Toscana *per osservare le produzioni naturali, e gli antichi monumenti di essa* dal Dottor Gio. Targioni Tozzetti. *Edizione seconda, con copiose giunte. Tomo secondo. In Firenze* MDCCLXVIII. *Nella stamperia granducale. Per Gaetano Cambiagi. Con Licenza de' Superiori.* Pag. 58, lig. 23 à pag. 70, lig. 18, et plus particulièrement pag. 59, lig. 21 à pag. 61, lig. 25.

[**] *Il Liber Abbaci di Leonardo Pisano pubblicato da Baldassarre Boncompagni*, pag. 1, lig. 24 à 29.

ex proprio sensu quedam addens, et quedam etiam ex subtilitatibus euclidis geo- metrice artis apponens, summam hujus libri, quam intelligibilius potui, in .XV. ca- pitulis distinctam componere laboraui, fere omnia que inserui, certa probatione ostendens, ut extra, perfecto pre ceteris modo, hanc scientiam appetentes instru- antur, et gens latina de cetero, sicut hactenus, absque illa minime inueniatur. »

Si, disait-on, du temps de Léonard de Pise on avait possédé un système de numération identique à celui des Indiens, à la légère différence près que l'emploi du zéro y était remplacé par le tableau à colonnes, comment Léonard de Pise au- rait-il pu trouver le système indien tellement préférable à celui ou à ceux qui étaient en usage chez ses contemporains ? La haute importance que Léonard at- tribue évidemment à ce système qu'il se propose d'enseigner comme un art nou- veau, ne prouve-t-elle pas que rien de semblable n'était connu en Occident avant lui?

Pour répondre à cette objection, il faudra surtout expliquer la partie suivante du passage ci-dessus rapporté, dans laquelle, comme on voit aisément, toute la question se concentre : « *Sed hoc totum etiam et algorismum atque arcus pictagore quasi errorem computaui respectu modi indorum* ».

Il s'agira de montrer en quoi les méthodes que Léonard de Pise désigne par les noms des « arcs de Pythagore » et de « l'algorisme », diffèrent de celle des Indiens, et en quoi cette dernière est supérieure aux deux autres.

Nous pensons que l'emploi de neuf chiffres avec valeur de position est commun à ces trois méthodes, et qu'il faut chercher la différence principalement dans la manière d'exécuter les opérations élémentaires de l'arithmétique.

Nous puisons les matériaux sur lesquels nous fondons cette opinion, dans les deux publications ci-dessus mentionnées du prince Boncompagni. Il suffira de laisser parler les sources originales qu'il nous a fait connaître, de mettre en regard les unes des autres les données qu'elles nous présentent. Si de cette manière nous réussissons à convaincre le lecteur qu'un accord parfait s'établit entre les faits con- nus relativement à une partie de l'histoire de l'arithmétique qui paraissait remplie de contradictions, le mérite en appartiendra à l'illustre savant dont les recherches, entreprises sur une grande échelle et poursuivies avec un zèle infini, ont mis à no- tre portée ces documents nouveaux.

Quant aux « arcs de Pythagore » ce nom désigne la méthode de l'Abacus telle qu'elle est décrite par Boèce et développée dans les traités d'auteurs chrétiens du Xe. et XIe. siècle.

En effet, nous avons vu que l'invention de cette méthode est attribuée par Boèce aux Pythagoriciens, et que ceux-ci appelaient, d'après le même auteur, le tableau à colonnes la table de Pythagore [*]. Dans les manuscrits des traités de l'Abacus

---

[*] « .... descripserunt sibi quandam formulam, quam ob honorem sui præceptoris mensam Py-

on trouve que chacune de ces colonnes est surmontée d'un arc de cercle, et que de plus grands arcs embrassent les colonnes trois à trois. De là le nom d' « arcus Pythagorae » donné par Léonard de Pise à la méthode de l'Abacus *).

Nous pouvons renvoyer pour tout ce qui concerne les détails de cette méthode aux memoires ci-dessus cités de M. Chasles. Passons à celle que Léonard de Pise appelle l'algorisme.

Ainsi que nous l'avons déjà fait observer, il résulte des travaux de M. Chasles que ce système commence à paraître dans les traités d'arithmétique du moyen âge depuis le commencement du XII°. siècle, et qu'il se distingue du système de l'Abacus par l'usage exclusif du zéro au lieu du tableau à colonnes. Conséquemment ce système est absolument identique à celui des Indiens en ce qui concerne l'emploi des chiffres, abstraction faite de la manière d'exécuter les opérations arithmétiques. Ici il y a donc lieu de supposer avec quelque fondement une origine indienne et une importation en Occident par des traductions de traités arabes. Aussi M. Reinaud découvrit la vérité en émettant l'opinion **) que le nom donné à la méthode avait été originairement celui de l'auteur dont les écrits avaient fait connaître cette méthode en Occident ***), et que cet auteur était problablement Mohammed Ben Mouça

---

thagoream nominabant, quia hoc quod depinxerant, magistro praemonstrante cognoverant (a posterioribus appellabatur abacus), etc. »

*) Comparer DÉVELOPPEMENTS ET DÉTAILS HISTORIQUES SUR DIVERS POINTS DU SYSTÈME DE L' A-BACUS, PAR M. CHASLES. (Comptes rendus des séances de l' Académie des sciences, séance du 23 juin 1843.) § II et § XV.

**) MÉMOIRE GÉOGRAPHIQUE, HISTORIQUE ET SCIENTIFIQUE SUR L'INDE, antérieurement ou milieu du XI°. siècle de l'ère chrétienne, d'après les écrivains arabes, persans et chinois. Tome XVIII des Mémoires de l'Académie des Inscriptions et Belles-Lettres. Paris, 1849, Pag. 303, lig. 25 à pag. 304, lig. 6, et pag. 304, lig. 21 à 27: « Je me permettrai ici une conjecture. Dans les traités latins du moyen âge, le nouveau système de numération est désigné par la dénomination d'Algorismus ou Algorithmus. D'un autre côté, les mots Algorismus et Alkhorismus servent à désigner un écrivain arabe surnommé Al—Kha-rismy ou le Kharizmin, du nom du Kharizm sa patrie; et cet écrivain s'était occupé de la science des nombres. Il me paraît que le nom donné au nouveau système de numération n'est pas autre que celui du personnage dont les écrits, traduits en latin, avaient répandu la connaissance de ce système en Occident . . . . Si le Traité en question date réellement de l'an 949, les mots Algorismus et Alkhorismus ne peuvent s'appliquer qu'à Mohammed fils de Moussa, écrivain originaire du Kharizm, qui florissait sous le règne d'Almamoun, dans la première moitié du IX°. siècle, et dont le Traité d'algèbre, composé en général d'après les doctrines indiennes, fut de bonne heure traduit en latin. »

***) C'est ce qui est presque textuellement confirmé par un passage d'un ouvrage composé probablement au XIII°. siècle par Fra Leonardo da Pistoia, de l'Ordre des Prédicateurs, sur lequel M. le prince Boncompagni donne une notice fort étendue dans son ouvrage ci-dessus cité, intitulé: « Intorno ad alcune opere di Leonardo Pisano etc. Pag. 373 à 376. Voici ce passage (loc. laud., pag. 373, lig. 26 à 30, pag. 374, lig. 33 et pag. 375, lig. 3 à 6:): « In Arithmetica igitur, ut dictum est, compendiosum et utilem tractatum composui, continentem tres particulas principales. In cuius prima parte agitur de arte numerandi, quae vulgato nomine dicitur algorismus a quodam philosopho qui hanc scientiam edidit sic vocato, quantum ad numeros integros. » Comparer SAGGIO DI VOCI ITALIANE DERIVATE DALL'ARABO DI ENRICO NAR-DUCCI. Roma, 1858, pag. 17.

Alkhârizmi, qui composa aussi, le premier parmi les musulmans, un traité d'Algèbre *). La conjecture de l'éminent orientaliste s'accordait du reste avec la conclusion à laquelle Colebrooke était arrivé dans l'excellent travail dont il a fait précéder sa savante traduction des théories d'arithmétique et d'algèbre de Bhascara Atcharya et de Brahmegupta **).

Cette opinion de Colebrooke et de M. Reinaud acquiert maintenant la certitude d'un fait par la publication du prince Boncompagni.

En effet, dans certains endroits du traité intitulé: « Algoritmi de numero Indorum » l'auteur cite des passages de « son » traité d'algèbre, et comme on vérifie aisément, au moyen de l'ouvrage publié par Rosen ***), que ces passages se trouvent effectivement dans l'algèbre de Mohammed Ben Moûçà Alkhârizmi, on conclut que les auteurs du traité d'algèbre publié par Rosen, et du traité « De numero Indorum » ne font qu'un seul et même personnage.

Cependant nous devons dire que le texte de la traduction latine publiée par le prince Boncompagni ****) nous paraît présenter quelques lacunes. C'est ainsi que page 9, lig. 8 à 10, l'auteur annonce qu'il va accompagner la règle qu'il vient de donner pour la soustraction, de trois exemples en guise d'éclaircissement *****); cependant il en donne seulement deux, relatifs aux cas où les chiffres du nombre dont on soustrait sont plus grands que les chiffres correspondants du nombre soustrait ******),

---

*) C'est le traité dont M. Rosen a publié, en 1831 le texte, accompagné d'une traduction anglaise.
**) *Algebra, with arithmetic and mensuration, from the sanscrit* etc. Pag. LXXII, lig. 15 et suiv. ; « From all these facts, joined with other circumstances to be noticed in progress of this note, it is inferred, ... 2dly, That they (the Arabs) were become conversant, in the Indian method of numerical computation, within the second century (of the Hejira); that is, before the beginning of the reign of ALMAMUN, whose accession to the Khelafet took place in 205 H...... 4thly, That MOHAMMED BEN MUSA KHUWAREZMI, the same Arabic author, who, in the time of ALMAMUN, and before his accession, abridged an earlier astronomical work taken from the Hindus, and who published a treatise on the Indian method of numerical computation, is the first also who furnished the Arabs with a knowledge of Algebra, upon which he expressly wrote, and in that Khalifs reign: as will be more particularly shown, as we proceed.
***) Comparer *Trattati d'Aritmetica pubblicati da Baldassarre Boncompagni*, pag. 2, lig. 3 à 6; pag. 10, lig. 20 à 22, et THE ALGEBRA OF MOHAMMED BEN MUSA *edited and translated by* FREDERIC ROSEN. London 1831, traduction anglaise, pag. 5, lig. 7 et 8; pag. 21, lig. 13 à 15; texte arabe, pag. 3, lig. 2 et 3; pag. 15, lin. 7 à 9. Mais, outre ces deux endroits où le traité d'algèbre est directement cité dans le traité « De numero Indorum », nous faisons observer que le passage de ce dernier traité qui commence par les mots: « Inveni, inquit algorizmi » (pag. 2, lig. 23), et qui finit ainsi: « usque in infinitum numerum, secundum hunc modum », est uno reproduction presque textuelle du passage de l'Algèbre qu'on trouve page 5, lig. 9 à 17 de la traduction anglaise de Rosen.
****) Ce texte est tiré d'un MS. de la Bibliothèque de l'Université de Cambridge, coté Ii, 6, 5, fol. 102 r! à 109 v!
*****) « Quod ut facilius intelligatur, necesse est ut hoc sub exemplo notemus, et hoc dicamus tribus modis, ne quis in eo aliquo modo turbetur. »
******) Pag. 9, lig. 10 à 29.

ou égaux à ces derniers *); mais il manque l'exemple relatif au cas où les chiffres du nombre soustrait sont plus grands, ce qui est le cas où un exemple servant d'explication était certainement plus utile encore que dans les deux autres cas.

Pareillement l'auteur annonce, pag. 17, lig. 22, une théorie de l'extraction des racines qu'on ne trouve pas dans le texte latin.

De même il nous paraît évident que la fin du traité manque dans cette traduction latine. Car l'exposé des règles relatives aux opérations avec les fractions sexagésimales est suivi du passage que voici : **) « Et si volueris multiplicare fractiones et numerum, ac fractiones extra minuta, vel secunda, ut sunt quartae et septimae, ac ceterae partes his similes, et dividere eas in invicem, erit opus in eis sicut opus minutorum et secundorum; et constituam tibi exemplar, si deus voluerit. » Ce passage nous semble annoncer des exemples relatifs à la multiplication et à la division des fractions proprement dites (et des nombres mixtes), tandis qu'il n'est question sur la page suivante, qui est la dernière, que de la multiplication. Et si l'on croyait par hasard devoir prendre à la lettre le singulier « exemplar » et ne s'attendre plus qu'à un seul exemple, cette opinion serait réfutée par le fait; car on trouve encore dans le texte latin deux exemples de la multiplication ($\frac{1}{2} \times \frac{1}{2}$ et $3\frac{1}{2} \times 8\frac{3}{11}$), mais dont le dernier, qui termine le texte entier, nous paraît déjà tronqué.

Toutefois nous n'avons signalé nous-même ces quelques défectuosités du texte publié par le prince Boncompagni, que pour soutenir du reste d'autant plus fermement l'authenticité de cette traduction latine.

Quand même nous n'aurions pas les preuves fournies par les citations du traité d'algèbre de Mohammed Ben Moûçà, bien des tournures et de particularités du texte latin révèleraient à quiconque est quelque peu familiarisé avec les ouvrages arabes, que c'est une traduction faite sur un original arabe. Telles sont, pour citer seulement quelques exemples, les expressions de l'introduction « Laudes deo rectori nostro etc. », pag. 1, lig. 5 à 15; les mots « Dixit algoritmi » (*Kâla Al-khowârizmî* ***), pag. 1, lig. 5 et *passim*; les mots « si deus voluerit » (*in chda'llah*), pag. 1, lig. 19 et *passim*; le mot « duplicetur » dans la définition de la multiplication (« necesse est omni numero qui multiplicatur in ali[qu]o quolibet numero, ut duplicetur unus ex eis secundum unitates alterius », pag. 10, lig. 20 à 22), évidemment la traduction des mots *yanbaghî* (ou *lâ boudda min*) *an youdhâ'afa*

---

*) Pag. 9, lig. 29 à pag. 10, lig. 3. Il nous semble aussi que déjà ce second exemple n'est pas entièrement terminé.
**) Pag. 22, lig. 27 à 31.
***) C'est ainsi que ce nom s'écrit, mais on prononce à la manière persane, avec contraction: Al-khârizmî.

etc., le mot arabe *dhâ'afa* signifiant proprement « doubler », mais se trouvant employé aussi dans le sens plus large de « répéter un nombre quelconque de fois »; le mot « intellige » (*fa 'fham*) placé à la fin d'une explication pag. 12, lig. 11; la préposition « super » après « dividere » *) (*kassama 'alâ*), pag. 12, lig. 13 et *passim*; les mots « CXXXVI partes de CCC XXIIII partibus unius », pag. 16, lig. 11, pour dire : cent trente six trois cent vingt quatrièmes, manière particulière aux arithméticiens arabes et tout à fait caractéristique d'exprimer les fractions **); la particule « vel », employée d'une manière particulière pag. 7, lig. 21 et suiv., pag. 11, lig. 10 et *passim*, évidemment pour rendre la particule arabe *fa*; etc. etc.

Disons enfin qu'une mention très-explicite de cet ouvrage de Mohammed Ben Moûçâ Alkhârizmî est faite par le Târikh-al-Hoqamâ ***) dans ces termes :

« Quant à leurs sciences ****), il en est parvenu à nous *****) . . . . le traité de calcul numérique développé par Aboû Dja'far ******) Mohammed Ben Moûçâ le Khârizmien, exposant brièvement la science du calcul, la faisant comprendre promptement, et révélant chez les Indiens de la finesse d'esprit, de la puissance d'invention, et de la supériorité d'expérience et de raisonnement. »

Après avoir suffisamment établi l'authenticité de l'un des documents principaux sur lesquels nous nous fondons, nous revenons à l'objet propre de cette notice, c'est à dire à la comparaison des systèmes d'arithmétique de l'Abacus, de l'Algorisme et de Léonard de Pise. Car nous pensons qu'il s'agit ici de systèmes d'arithmétique plutôt que de numération; les différences consistant beaucoup moins dans les principes de la numération que dans la manière d'exécuter les opérations arithmétiques. Nous espérons qu'un examen attentif des extraits suivants amènera nos lecteurs à partager cette opinion.

Nous extrayons 1.° du traité de l'Abacus publié par M. Chasles, 2.° du traité intitulé : « Algoritmi de numero Indorum », 3.° du Liber Abbaci de Léonard de Pise, et 4.° de quatre manuscrits grecs de la Bibliothèque impériale de Paris, renfermant

---

*) Tandis qu'on trouve dans le traité de l'Abacus publié par M. Chasles dans les Comptes rendus de l'Académie des Sciences (séance du 30 janvier 1843) le mot dividere suivi de l'ablatif (p. e. loc. laud. pag. 212, lig. 10: « et ita centum milia sunt divilenda XX milibus et XX tribus »); et que Boèce, dans ses règles de la division dit « dividere per », et non pas « super ».

**) Voir Extrait du Falhri par F. Woepcke. Paris 1853. Pag. 151, lig. 16 à 18.

***) Voir Casiri, Bibliotheca Arabico-Hispana Escurialensis. Matriti 1760. fol. Vol. I, pag. 427, note a, lig. 12 à 11.

****) C'est à dire : aux sciences des Indiens.

*****) Aux Arabes.

******) Le surnom d'Aboû Dja'far est aussi celui de Mohammed Ben Moûçâ Ben Châqir, mort en 873 de notre ère, tandisque le Khârizmien, contemporain d'Almâmoûn, s'appellait, d'après le ms. arabe servant de base au travail de Rosen, Aboû Abdallah.

le texte complet ou des fragments de l'Arithmétique de Maxime Planude [*]), des exemples de la multiplication et de la division; l'addition et la soustraction étant des opérations trop simples de leur nature pour donner lieu à des différences essentielles de méthode.

Nous appelons d'avance l'attention des lecteurs sur la grande ressemblance qu'ils remarqueront sans doute entre les procédés de Léonard de Pise et de Planude, nous réservant de tirer nos conclusions à la suite des extraits que nous venons d'annoncer.

I. MULTIPLICATION.
1. MÉTHODE DE L'ABACUS.
Multiplication de 4600 par 23. [**]).

« Ponamus igitur trinarium in singulari et binarium in deceno, multiplicatores, et senarium in centeno, et quaternarium in milleno, multiplicandos; ita quod multiplicatores in inferioribus sedibus, multiplicandi in superioribus, summa quae inde excrescet in mediis campis ponatur; et positis multiplicatoribus et multiplicandis, incipientes a singulari, dicamus : Ter sex, XVIII sunt; regula haec est : singularis arcus quemcumque multiplicat, in eodem pone digitum, in ulteriore articulum; ponamus igitur VIII qui digitus est in centeno, et X qui articulus est in milleno in mediis campis, et quia nullus character X scilicet isto numero inscribitur, ne dubites quod pro eo X debeas ponere, pone numerum illum qui solus positus in deceno arcu facit X,

---

[*] Ce sont les numéros 2381, 2382, 2428, 2509 ancien fonds grec de la Bibliothèque impériale, manuscrits du XV°, XVI°, XV° et XIV° siècle respectivement. Dans les deux premiers on trouve l'ouvrage entier de Planude, intitulé de la manière suivante : Τοῦ φιλοσοφωτάτου μοναχοῦ, κυρίου Μαξίμου τοῦ Πλανούδη, ψηφοφορία κατ' Ἰνδούς, ἡ λεγομένη μεγάλη. Le ms. 2428 porte : Ψηφοφορία κατ' Ἰνδούς ἡ λεγομένη μεγάλη : ταύτης ἡ φράσις, τοῦ φιλοσοφωτάτου ἐν φιλοσόφοις καὶ τιμιωτάτου ἐν μοναχοῖς κυρίου Μαξίμου τοῦ βιβλία νακίλου. Enfin dans le ms. 2509 ce titre est conçu comme il suit : Μαξίμου μοναχοῦ τοῦ Πλανούδη ψηφοφορία κατ' Ἰνδούς ἡ λεγομένη μεγάλη.

[**] *Comptes rendus de l'Acad. des sciences.* Séance du 30 Janv. 1843, pag. 210, lig. 1 à pag. 211, lig. 4. — Voici le tableau explicatif par lequel M. Chasles représente cette opération :

CM	XM	M	C	X	I	
			4	6		Multiplicandes.
			1	8		Produit de 600 par 3.
	1	2				Produit de 4000 par 3.
	1	2				Produit de 600 par 20.
	8					Produit de 4000 par 20.
1	0	5	8			Produit total.
				2	3	Multiplicateurs.

scilicet unitatem; et similiter facies ubicumque X arcus erit ponendus. Et ne deinceps de ceteris articulis ponendis dubites, semper pone pro XX binarium, pro XXX trinarium, pro XL quaternarium, pro L quinarium, pro LX senarium, pro LXX septenarium, pro LXXX octonarium, pro XC novenarium. Sed ne noster excursus modum excedat, ad predictam multiplicationem redeamus. Ilis summis scilicet VIiI et denario sic positis, restat ut quaternarium qui est in milleno, per ternarium qui est in singulari, multiplicemus sic : ter IIII, XII. Regula supradicta non mutatur. Positis igitur illis summis in mediis campis secundum regulam, scilicet posito binario in milleno, et denario in deceno milleno, restat ut per binarium duos multiplicandos multiplicemus; sic: bis VI, XII. Regula haec est : Decenus arcus quemcumque multiplicat, in secundo ab eo multiplicato pone digitum, in ulteriore articulum. Positis igitur summulis secundum regulam, restat ut per binarium deceni arcus multiplicetur quaternarius milleni sic : bis quatuor VIII; regula non mutatur. Posito igitur VIII in secundo arcu a milleno, nichil est multiplicandum. »

« Sed restat ut a multitudine caracterum arcus nostros purgemus, et tunc demum summam multiplicationis colligamus. »

« Purgare arcus est quando, pro multis caracteribus, unus solus caracter ponitur secundum summulas numerorum qui in eis caracteribus scribuntur. Ponitur autem unus caracter pro multis quandoque in eodem arcu, quandoque in diverso. Unus pro multis in eodem arcu, quando tota summa quae in multis continetur digitum non excedit; unus pro multis in diverso arcu, quando de summa multorum crescit articulus solus, ut X, vel XX, vel aliquis alius. Et semper ille articulus ponitur in proximo sibi diverso. Si vero ex summa multorum crescit digitus et articulus, digitus manet et articulus transfertur. Et ita ponuntur multi pro multis. Hanc purgationem semper et in multiplicatione et in divisione, ab inferioribus tendendo ad superiora, incipere debemus ».

« Istum igitur ordinem sequentes purgemus eos; et quia in centeno nichil est purgandum, cum unus solus caracter in eo sit, qui octonario inscribitur, transeamus ad millenum in quo sunt duo binarii et unitas, et pro illis quinarium ponamus. In XM est octonarius et due unitates; unde efficitur articulus, X scilicet, et idcirco illis remotis, scilicet VIII et duabus unitatibus, tansfertur unitas, ea ratione qua supra diximus debere transferri unitatem pro denario, binarium pro XX, et *) caeteris eosdem caracteres qui in multiplicatione pro articulis ponuntur. In talibus purgationibus quoque et, ut generaliter dicatur, quotiescumque articulis ponendis opus fuerit, pones ordine supradicto scilicet ut pro X, ponatur unitas ad alium arcum translata; pro XX binarius; et caetera. His ita translatis, ecce habemus unitatem

---

*) Il paraît qu'il manque ki *pro*.

(22)

in CM; quinarium, in M; octonarium, in C. Potes igitur secure dicere quod si IIII milia et sexcenta per XXIII multiplicentur, surget haec summa : centum quinque milia et octingenta. »

« Ecce habemus regulas singularis et deceni arcus; haec autem est centeni: Centenus quemcumque multiplicat, in III^{cio} ab eo pone digitum, in ulteriore articulum. Millenus, in quarto; decies millenus, in quinto, et, ut plane et breviter dicatur, quoto loco quilibet arcus distat a singulari, toto loco removetur digitus ab eo quem multiplicat, et semper in ulteriore ponitur articulus ».

2. MÉTHODE D'ALKHURIZMI.

Multiplication de 2326 par 214. [*]

« Cumque uolueris multiplicare numerum in altero, pone unum ex eis secundum quantitatem mansionum eius in tabula, uel in qualibet re alia quam uolueris. De inde pone primam differentiam alterius numeri sub altiori differentia primi. Eritque prima mansio eiusdem numeri sub ultima mansione primi numeri quem posuisti. Et erit mansio secunda precedens primum numerum uersus sinistram: cuius rei exemplar est. Quod cum uellemus multiplicare duo milia tercentos .XXVI. in .CCX. IIII^{or}, posuimus duo milia tercentos .XXVI. per indas literas in IIII^{or} differentiis; fueruntque in prima differentia, que est in dextera, .VI. ; et in secunda duo, qui sunt .XX.; et in tercia tres, qui sunt tercenti; et in quarta duo, qui sunt duo milia. Post

---

[*] *Trattati d'Aritmetica* etc. pag. 10, lig. 23 à pag. 12, lig. 23. — Voici comment nous pouvons figurer l'opération décrite dans ce texte :

```
    4 9 7 7 6 4
          2 4
          6
      1 2
          8
        2
      4
      1 2
      3
    6
    8
    2
  4
        2 3 2 6
      2 1 4
        2 1 4
          2 1 4
            2 1 4
```

hec posuimus sub duobus milibus IIII^a; de inde in precedenti uersus sinistram unum, qui sunt .X.; postea in tercia duo, qui sunt ducenti : et hec est figura eorum. »

« Post hec incipias ab ultima differentia superiori; et multiplica eam in ultima differentia inferioris numeri, qui est sub eo, uel quod exierit de multiplicatione, scribes de super. Postea scribes etiam in differentia que succeditur, redeundo uersus dexteram inferioris numeri. Deinde facies similiter, donec multiplices ultimam differentiam superioris numeri in uniuersis differentiis inferioris numeri : et cum hec perfeceris, mutabis numerum inferiorem una differentia uersus dexteram. Eritque prima differentia inferioris numeri sub differentia que succedit numerum quem multiplicasti uersus dexteram. De inde pones reliquas differentias per successiones eorum: post hec multiplicabis etiam ipsum numerum, sub quo posuisti primam differentiam inferioris numeri ultima mansione inferioris numeri : de inde in ea que succedit, donec perficias omnes, quemadmodum fecisti in prima differentia: uel quicquid collectum fuerit ex multiplicatione unius cuiusque differentie, scribes eum in differentia que est super ipsum; uel cum hec feceris, mutabis etiam eum numerum, scilicet tuum, una differentia ; et facies de eo quemadmodum fecisti in differentiis primis; et non cessabis ita facere, donec perficias omnes differentias. Sic que multiplicabis uniuersum numerum superiorem in uniuerso numero inferiori. Cumque euenerit ut prima differentia inferioris numeri sit sub aliqua differentia, in qua nullus sit numerus, idest in qua fuerit circulus, faciamus eam transire ad succedentem differentiam, in qua fuerit numerus uersus dexteram. Quia omnis circulus qui multiplicatur in aliquo numero, nichil est, idest nullus numerus surgit ex eo; et quicquid multiplicatur in circulo, similiter nichil. Cumque mutauerimus differentias uersus dexteram; postea multiplicauerimus ipsum numerum superiorem in una quaque differentia ex numero inferiori, addemus quod exierit nobis de multiplicatione super differentiam que est super illam differentiam, in qua multiplicauimus [*]) : dumque crescente numero collecti fuerint nobis in aliqua differentia

---

[*]) D'après ce passage (qui ne s'accorde pas parfaitement avec le passage ci-dessus, relatif à la multiplication par le second chiffre du nombre supérieur : « vel quicquid collectum fuerit ex multiplicatione unius cujusque differentiae scribes eum in differentia quae est super ipsum ») le tableau de l'opération figurée serait le suivant :

```
              7
            6 7
          9 2 6 6
          8 1 4 4
      1 2 8 2 8 4
          2 3 2 6
        2 1 4
          2 1 4
            2 1 4
              2 1 4
```

.X., faciemus ex eis unum : ponemusque eum in sequenti differentia uersus sinistram; et si aliquid remanserit, notabimus eum in loco suo : si uero nichil remanserit, ponemus in loco eius circulum, ne minuatur aliquid ex differentiis : et cum perduxerit multiplicatio ad primam differentiam numeri inferioris, debebimus [*]) quicquid fuerit in differentia, que est super eam; et notabimus id quod exierit nobis ex multiplicatione in loco eius. Sicque faciemus, donec multiplicemus uniuersas differentias superioris numeri in uniuersis differentiis inferioris; et sic multiplicabimus numerum ex eis secundum numerum unitatum alterius, et perficietur multiplicatio : et hec est figura numeri, qui exiuit nobis de multiplicatione duorum milium et tercentorum uiginti sex in ducentis .XIIII., que sunt quadringenta milia et nonaginta septem milia et septingenta .LXIIII. »

3. MÉTHODE DE LÉONARD DE PISE.

(¹) *Multiplication de 123 par 456.* [**])

« Cum autem tres figuras per tres figuras quis multiplicare uoluerit, uniuersalem regulam ei leuiter edocemus. Scilicet, ut scribatur gradus unius numeri contra gradum alterius, hoc est unitas sub unitatibus, decene sub decenis, et centene sub centenis, et multiplicetur prima superioris numeri per primam subterioris, et ponat unitates super primum gradum numerorum, et decene seruentur in manu, et multiplicet primam superioris per secundam subterioris, et primam subterioris per secundam superioris, et addat utrasque multiplicationes cum seruatis unitatibus, et ponat unitates et decenas seruet ; et multiplicet primam superiorem per tertiam inferiorem, et primam subteriorem per tertiam superiorem, et secundam per secundam, et addat tres dictas multiplicationes cum numero seruato, et ponat unitates super tertium gradum, et per unam quamque decenam seruet in manu 1; et multiplicet secundam superioris numeri per tertiam subterioris, et secundam inferioris per tertiam superioris; et de collecta summa ponat unitates et decenas reseruet, et multiplicet tertiam per tertiam, et addat cum seruatis decenis, et ponat unitates et postea ponat decenas si superfuerint positis unitatibus; et si habebit multiplicationem quorumlibet numerorum trium figurarum, siue equales fiant siue inequales. »

« Ut si oportuerit multiplicare 123 cum 456 [***]), scribantur ad inuicem numeri ut supradictum est, ut multiplicentur 3 per 6, erunt 18: ponantur 8, retineatur 1

---

[*]) La vraie leçon paraît être « debebimus ».
[**]) *Il Liber Abbaci, etc.*, pag. 11, lig. 4 à 19 et pag. 12, lig. 28 à 35.
[***]) Voici le tableau dont cette opération est accompagnée dans le Liber Abbaci :
  56088
  123
  456

(25)

et multiplicentur 3 per 5, erunt 15, que addantur cum 1 seruato, erunt 16 et 6 per 2, et addantur cum 16, erunt 22: ponantur 2 et retineantur 2, et muliplicentur 3 per 4 et 6 per 1 et 2 per 5, et addatur cum 2 seruatis, erunt 30 : ponatur 0, retineantur 3, et multiplicentur 3 per 4 et 5 per 1, et addatur cum 3 seruatis, erunt 16: ponantur 6, et retineantur 1, cum quo addatur multiplicatio de 1 in 4, erunt 5 que ponantur, et habebitur pro summa multiplicationis dicte 56055. »

(¹) *Multiplication de 12315673 par 5765I331*. *)

« Cum autem quemlibet numerum octo figurarum per quolibet numerum eiusdem gradus quis multiplicare uoluerit, multiplicet primam per primam, et ponat; et primam per secundam, et primam per secundam, et ponat; et primam per tertiam, et primam per tertiam, et secundam, per secundam, et ponat; et primam per quartam, et primam per quartam, et secundam per tertiam, et secundam per tertiam, et ponat; et primam per quintam, et primam per quintam, et secundam per quartam, [et secundam per quartam,] et tertiam per tertiam, et ponat; et primam per sextam, et primam per sextam, et secundam per quintam, et secundam per quintam, et tertiam per quartam, et tertiam per quartam, et ponat ; et primam per septimam, et primam per septimam, et secundam per sextam, et secundam per sextam, et tertiam per quintam, et tertiam per quintam, et quartam per quartam, et ponat; et primam per octauam, et primam per octauam, et secundam per septimam, et secundam per septimam, scilicet eas que sunt secus primam et octauam, et tertiam per sextam, et tertiam per sextam, eo quod sibi [sint ?] secus secundas et septimas, et quartam per quintam, et quartam per quintam; ideo quia sunt secus tertias et sextas, et ponat. Et sic semper in omnibus multiplicationibus ab interiori parte ipse figure ab inuicem semper ab utraque parte multiplicande sunt , que secus eas existunt, que primum multiplicantur: donec eas ita multiplicando se ad inuicem coniunxerint; et tunc ponende sunt unitates et decene in manibus seruande. Et cum multiplicatio primarum figurarum , in reliquis per ordinem gradatim ascendendo, completa fuerit usque ad ultimas; tunc penitus relinquende sunt prime figure utrorumque numerorum, et secunde per ultimas multiplicande, hoc est ut in hac questione multiplicet secundam per octauam, et secundam per octauam, et tertiam per septimam, et tertiam per septimam; quia sunt secus secundas et octauas; et quartam per sextam, et quartam per sextam; quia sunt secus tertias et septimas; et quintam per quintam; quia sunt inter quartam et sextam, et ponat; et tunc relinquat secundas; et multiplicet tertiam per octauam, et tertiam per octauam, et quartam per septimam, et quartam per septimam, et quintam per sextam , et

*) *Il Liber Abbaci etc.*, pag. 16, lig. 10 à pag. 17. lig. 32.

quintam per sextam, et ponat; et relinquat tertias, et multiplicet quartam per octauam, et quartam per octauam, et quintam per septimam, et quintam per septimam, et sextam per sextam, et ponat; et relinquat quartas, et multiplicet quintam per octauam, et quintam per octauam, et sextam per septimam, et sextam per septimam, et ponat; et relinquat quintas, et multiplicet sextam per octauam, et sextam per octauam, et septimam per septimam, et ponat; et septimam per octauam, et septimam per octauam, et ponat; et octauam per octauam, et ponat; et sic habebitur multiplicatio omnium numerorum octo figurarum : et ut in numeris clarius intelligatur : sit numeri 12345678 et 87654321 [*], qui ut multiplicentur ad inuicem describantur, secundum quod supra dictum est, et multiplicet 8 per 1, erunt 8, que ponat; et 8 per 2 et 1 per 7 erunt 23, ponat 3 et retineat 2, et 8 per 3 et 1 per 6 et 7 per 2, et addantur cum 2 seruatis erunt 46, ponat 6 et retineat 4, et 8 per 4 et 1 per 5 et 7 per 3 et 2 per 6 erunt 74 [**]), ponat 4 et retineat 7, et 8 per 5 et 1 per 4 et 7 per 4 et 2 per 5 et 6 per 3 erunt 107, ponat 7 et retineantur 10, et 8 per 6 et 1 per 3 et 7 per 5 et 2 per 4 et 6 per 4 et 3 per 5 erunt 143, ponantur 3 et retineantur 14, et 8 per 7 et 1 per 2 et 7 per 6 et 2 per 3 et 6 per 5 et 3 per 4 et 5 per 4 erunt 152, ponantur 2 et retineantur 15, et 8 per 8 et 1 per 1 et 7 per 7 et 2 per 2 et 6 per 6 et 3 per 3 et 5 per 5 et 4 per 4 erunt 222, ponat 2 et retineat 22, et 7 per 8 et 2 per 1 et 6 per 7 et 3 per 2 et 5 per 6 et 4 per 3 et 4 per 5 erunt 190, ponat 0 et retineat 19, et 6 per 8 et 3 per 1 et 5 per 7 et 4 per 2 et 4 per 6 et 5 per 3 erunt 152, ponat 2 et retineat 15, et 5 per 8 et 4 per 1 et 4 per 7 et 5 per 2 et 3 per 6 erunt 115, ponat 5 et retineat 11, et 4 per 8 et 5 per 1 et 3 per 7 et 6 per 2 erunt 81, ponat 1 et retineat 8, et 3 per 8 et 6 per 1 et 2 per 7 erunt 52, ponat 2 et retineat 5, et 2 per 8 et 7 per 1 erunt 29, ponat 8 et retineat 2, et 1 per 8 erunt 10, que ponantur; et sic habebitur summa dicte multiplicationis. »

« Uerum si in quorumlibet capitibus numerorum zephyra fuerit demantur de ipsis numeris omnia zephyra que in capitibus extiterint, et reliquas figuras insimul multiplicet, et multiplicationi dempta zephyra, ante ponat, et habebit ipsorum numerorum multiplicationem, ut in secundi et tertii, et quarti gradus multiplicationes denotauimus, et si per supradictas multiplicationum demonstrationes quis multiplicationem paucarum figurarum contra plures scire non poterit, describat numeros, sed maiorem sub minori, hoc est numerum plurium figurarum sub ipso

---

[*] Voici le tableau dont cette opération est accompagnée dans le Liber Abbaci :
1 0 8 2 1 3 2 0 2 2 3 7 4 6 3 8
     1 2 3 4 5 6 7 8
     8 7 6 5 4 3 2 1

[**] Avec les 4 qu'on a retenus. De même dans la suite.

numero paucarum, collocans primum gradum unius sub primo alterius, et deinceps, ut supra diximus, alios gradus collocabit, et ponat post numerum paucarum figurarum tot zephyra, quot figure superhabundant de maiori numero, et sic habebit equales numeros in multiplicatione, ut si quereret multiplicare tres figuras contra sex, ponat numerum sex figurarum sub numero trium figurarum, et ponat post tres figuras tria zephyra, ut sint in multiplicatione sex figure contra sex, quas secundum per supradictam doctrinam multiplicet. Verbi gratia: ut si queratur multiplicare 345 cum 693511 describat eos hoc ordine, scilicet, tria zephyra post 345. Verum quod de positione zephyrorum post figuras dictum est, non nisi rudibus necessarium fore arbitror, quia subtiles non indigent tali positione zephyrorum. »

4. MÉTHODE DE PLANUDE.

Multiplication de 21 par 33, de 264 par 432, et de 54 par 1123.

Mais afin que ce qui vient d'être dit, nous soit rendu évident aussi par un exemple, voici d'abord une figure ayant deux chiffres dans les deux rangs. Je dis donc : quatre fois le cinq, vingt. J'écris au-dessus du 4 zéro [*]), parce que le vingt est décadique [**]), je retiens deux, et je dis : quatre fois le trois, 12; et cinq fois le deux, dix; ensemble vingt deux. A cela j'ajoute les deux unités que j'avais retenues, ce sera 24. J'écris le 4 au-dessus du 2, je retiens deux unités, et je dis de nouveau : deux fois le trois, six. A cela j'ajoute aussi les deux unités, et ce

Ἵνα δὲ καὶ ἐπὶ παραδείγματος σαφὲς ὑμῖν γίνηται τὸ λεγόμενον, ἔστω πρότερον διάγραμμα διὰ δύο σημεῖα ἔχον κατ᾽ ἀρχὴν τοὺς στίχους. λέγω γοῦν τετράκις τὰ πέντε, εἴκοσι. γράφω ἐπάνω τῶν 4 [***]) οὐδέν, διὰ τὸ δεκαδικὴν εἶναι τὴν εἰκοσι, κατέχω δύο. καὶ λέγω· τετράκις τὰ τρία, ιβ̅· καὶ πεντάκις τὰ δύο, δέκα· ὁμοῦ εἴκοσι δύο· τούτοις προστίθημι τὰς δύο μονάδας ἃς κατεῖχον· γίνονται κδ̅. γράφω καὶ τὰ 4 ἐπάνω τοῦ 2. κατέχω καὶ μονάδας δύο· καὶ πάλιν λέγω· δὶς τὰ τρία, ἕξ· τούτοις προστίθημι καὶ τὰς δύο μονάδας, καὶ γίνεται ὀκτώ. ταῦτα τὰ

---

[*] γράφω οὐδὲν signifie chez Planude : « j'écris zéro »; pour exprimer : « je n'écris rien » il dit : οὐ γράφω τι.

[**] C'est à dire formé uniquement de dizaines.

[***] Les chiffres indiens que nous remplaçons dans ce texte par nos chiffres modernes, sont formés dans les quatre manuscrits respectivement de la manière suivante :

Ms. 2331.
Ms. 2332.
Ms. 2428.
Ms. 2509.

sera huit. J'écris ce 8 à la suite des chiffres écrits en haut; et le vingt   8 4 0
quatre multiplié par le trente cinq sera 840.   2 4
                                                                                 3 5

Soit proposé encore une autre figure dont les rangs aient trois chiffres. Je dis donc : deux fois le 4, 8. J'écris cela au-dessus du 2. Deux fois 6, 12; et quatre fois le 3, 12; ensemble 24. J'écris le 4 au-dessus du 3, et je retiens 2. De nouveau : deux fois 2, 4; quatre fois le 4, 16; trois fois le 6, 18; ensemble 38. A cela j'ajoute aussi les deux unités; ensemble 40. J'écris au-dessus du 4 zéro, et je retiens 4. De nouveau je dis : trois fois le 2, 6; six fois le 4, 24; ensemble 30; j'ajoute aussi le 4; ce sera 34. J'écris à la suite du zéro le 4, et je retiens 3. De   114048
nouveau je dis: quatre fois le 2, 8; j'ajoute le 3; ce sera 11; et   432
j'écris cela à la suite du 4.   264

Si maintenant chacun des deux rangs est d'un même nombre de chiffres, c'est ainsi que la multiplication se fait. Mais si l'un d'eux dépasse l'autre, le plus petit doit être complété au moyen des chiffres désignant le rien, et le procédé doit être de nouveau tel qu'il a été dit.

Mais afin d'éclaircir cela aussi par un exemple, nous disons comme il suit. Trois fois le 4, 12. J'écris au-dessus du 3 le 2, et je retiens 1. De nouveau : trois fois le 5, 15; et quatre fois le 2, 8; ensemble 23; j'ajoute aussi l'unité; ensemble 24. J'écris au-dessus du 2 le 4, et je retiens 2. De nouveau : trois fois le zéro, zéro; quatre fois le 4, 16; deux fois le 5, 10; ensemble 26; j'ajoute aussi le 2; ensemble

8 γράφω ἐφεξῆς τοῖς ἐπάνω γεγραμμένοις σημείοις· καὶ γίνεται ὁ εἴκοσι τέσσαρα   8 4 0
ἐπὶ τὰ τριάκοντα πέντε πολλαπλασιαζόμενος ωμ.   2 4
                                                                                 3 5

Κείσθω καὶ ἑτέραν διάγραμμα οὗ τὲ στίχοι ἀνὰ τρία σημεῖα ἔχωσιν. λέγω γοῦν· δὶς τὰ 4, 8. ταῦτα γράφω ἐπάνω τοῦ 2· δὶς 6, 12· καὶ τετράκις τὰ 3, 12· ὁμοῦ 24· γράφω τὰ 4 ἐπάνω τοῦ 3· κατέχω καὶ 2· πάλιν δὶς 2, 4· τετράκις τὰ 4, 16· τρὶς τὰ 6, 18· ὁμοῦ 38· τούτοις προστίθημι καὶ τὰς δύο μονάδας· ὁμοῦ 40· γράφω ἐπάνω τοῦ 4 οὐδέν, καὶ κατέχω 4· πάλιν λέγω· τρὶς τὰ 2, 6· ἑξάκις τὰ 4, 24· ὁμοῦ 30· προστίθημι καὶ τὰ 4, γίνε-   114048
ται 34· γράφω ἐφεξῆς τῷ οὐδενὶ τὰ 4, καὶ κατέχω 3· πάλιν λέγω τετράκις   432
τὰ 2, 8· προστίθημι τὰ 3, γίνεται 11· καὶ γράφω αὐτὰ ἐφεξῆς τῷ 4·   264

Εἰ μὲν οὖν τῶν ἴσων σημείων ἐστὶ τῶν στίχων ἑκάτερος, οὕτως ὁ πολλαπλασιασμὸς πρόεισιν· εἰ δὲ ἕτερος τούτων ὑπερβαίνει, ἐκπεπληρώσθω ὁ ἐλάττων διὰ σημείων τῶν σημαινόντων τὸ οὐδέν, καὶ γινέσθω πάλιν ἡ μέθοδος ὃν τρόπον εἴρηται.

Ἴνα δὲ καὶ ἐπὶ ὑποδείγματος δῆλον ᾖ, λέγομεν ὧδε· τρὶς τὰ 4, 12· γράφω ἐπάνω τῶν 3 τὰ 2· κατέχω καὶ 1· πάλιν τρὶς τὰ 5, 15· καὶ τετράκις τὰ 2, 8· ὁμοῦ 23· συντίθημι καὶ τὴν μονάδα· ὁμοῦ 24· γράφω ἐπάνω τοῦ 2 τὰ 4· κατέχω καὶ 2· πάλιν τρὶς τὸ οὐδέν, οὐδέν· τετράκις τὰ 4, 16· δὶς τὰ 5, 10· ὁμοῦ 26· προστίθημι καὶ τὰ 2· ὁμοῦ 28· γράφω τὰ 8 ἐπάνω τοῦ 4·

28. J'écris le 2 au-dessus du 4, et je retiens 2. De nouveau : trois fois le zéro, zéro; quatre fois le 1, 4; deux fois le zéro, zéro; cinq fois le 4, 20; ensemble 24; j'ajoute aussi le 2; ensemble 26. J'écris le 6 au-dessus du 1, et je retiens 2. De nouveau: deux fois le zéro, zéro; cinq fois le 1, 5; quatre fois le 0, 0; ensemble 5; j'ajoute aussi le 2; ensemble 7. J'écris cela à la suite du 6.
De nouveau : quatre fois le 0, 0; point de fois le 1, zéro; et
je n'écris rien. De nouveau : une fois le 0, 0; et encore une
fois je n'écris rien.

              76842
              1423
              0054

Il faut pourtant savoir aussi ceci que, lorsque vous êtes arrivé à multiplier le nombre qui se trouve à la première place par celui qui se trouve à la dernière, il est nécessaire de faire, après la multiplication de ces nombres, une marque au premier chiffre, afin que vous ne multipliiez plus celui-ci, mais qu'il soit visible qu'il a été multiplié par tous les nombres suivant l'ordre.

Mais pour le dire d'une manière générale, en montrant par un plus grand exemple ce dont il s'agit, la multiplication se fait comme il suit. Multipliez le premier par le premier, et écrivez; ensuite le premier par le second, et encore le premier par le second en croix, et écrivez; ensuite le premier par le troisième, et le premier par le troisième en croix, et encore le second par le second perpendiculairement, et écrivez; ensuite le premier par le quatrième, et le premier par le quatrième, et encore le second par le troisième, et le second par le troisième en croix, et écrivez; ensuite le premier par le cinquième, et le premier par le cinquième,

κατέχω καὶ 2. πάλιν τρὶς τὸ οὐδὲν, οὐδὲν· τετράκις τὸ 1, 4· δὶς τὸ οὐδὲν, οὐδὲν· πεντάκις τὰ 4, 20· ὁμοῦ 24· προςτίθεται καὶ τὰ 2· ὁμοῦ 26. γράφω τὰ 6 ἐπάνω τοῦ 1· κατέχω καὶ 2. πάλιν δὶς τὸ οὐδὲν, οὐδὲν· πεντάκις τὸ 1, 5· τετράκις τὸ 0, 0· ὁμοῦ 5· προςτίθεται καὶ τὰ 2· ὁμοῦ 7. ταῦτα γράφω ἐφεξῆς τοῖς 6. πάλιν τετράκις τὸ 0, 0· οὐδεπλᾶξ 76842
τὸ 1, οὐδὲν· καὶ οὐ γράφω τι. πάλιν ἅπαξ τὸ 0, 0· καὶ οὐδὲ πάλιν 1423
γράφω τι.   0054

Ἰστέον μέντοι καὶ τοῦτο, ὡς ἡνίκα ἂν ἔλθῃς πολλαπλασιάσαι τὸν ἐπὶ τῆς πρώτης χώρας ἀριθμὸν πρὸς τὸν ἐπὶ τῆς ἐσχάτης, μετὰ τὸν πολλαπλασιασμὸν τούτων ποιεῖν δεῖ σημεῖόν τι ἐπὶ τοῦ πρώτου σχήματος, ἵνα μηκέτι πολλαπλασιάσῃς αὐτό· ἀλλ' ᾖ δῆλον, ὅτι ἐπὶ πάντας τοὺς ἐφεξῆς ἀριθμοὺς ἐπολλαπλασιάσθη.

Γίνεται δὲ ὁ πολλαπλασιασμὸς ὡς ἐν κεφαλαίῳ εἰπεῖν, ἐπὶ μείζονος παραδείγματος δεικνύντες τὸ προκείμενον, οὕτως· πολλαπλασίαζε τὸν πρῶτον ἐπὶ τὸν πρῶτον, καὶ γράφε· εἶτα τὸν πρῶτον ἐπὶ τὸν δεύτερον· καὶ ἔτι τὸν πρῶτον ἐπὶ τὸν δεύτερον χιαστῶς, καὶ γράφε· εἶτα τὸν πρῶτον ἐπὶ τὸν τρίτον· καὶ τὸν πρῶτον ἐπὶ τὸν τρίτον χιαστῶς· καὶ ἔτι τὸν δεύτερον ἐπὶ τὸν δεύτερον πρὸς ὀρθάς, καὶ γράφε· εἶτα τὸν πρῶτον ἐπὶ τὸν τέταρτον· καὶ τὸν πρῶτον ἐπὶ τὸν τέταρτον· καὶ ἔτι τὸν δεύτερον ἐπὶ τὸν   καὶ τὸν δεύτερον ἐπὶ τὸν τρίτον χιαστῶς, καὶ γράφε·

et encore le second par le quatrième, et le second par le quatrième en croix, et encore le troisième par le troisième perpendiculairement, et écrivez. Ensuite faites une marque au premier chiffre, comme il a été dit; et multipliez le second par le cinquième, car il a été multiplié par le troisième et le quatrième ; et le second par le cinquième, et encore le troisième par le quatrième, et le troisième par le quatrième, et écrivez. Ensuite faites aussi une marque au second; et multipliez le troisième par le cinquième, et le troisième par le cinquième, car il a été multiplié par le quatrième; et encore le quatrième par le quatrième perpendiculairement, et écrivez. Ensuite, après avoir marqué aussi le troisième, multipliez le quatrième par le cinquième, et le quatrième par le cinquième, et écrivez; ensuite le cinquième par le cinquième, et écrivez.

εἶτα τὸν πρῶτον ἐπὶ τὸν πέμπτον· καὶ τὸν πρῶτον ἐπὶ τὸν πέμπτον· καὶ πάλιν τὸν δεύτερον ἐπὶ τὸν τέταρτον· καὶ τὸν δεύτερον ἐπὶ τὸν τέταρτον χιαστῶς· καὶ ἔτι τὸν τρίτον ἐπὶ τὸν τρίτον πρὸς ὀρθάς, καὶ γράφε· εἶτα ποίει σημεῖόν τι ἐπὶ τὸν πρῶτον ὡς εἴρηται· καὶ ποίει τὸν δεύτερον ἐπὶ τὸν πέμπτον· ἐπὶ γὰρ τὸν τρίτον καὶ τέταρτον ἐπολλαπλασιάσθη· καὶ τὸν δεύτερον ἐπὶ τὸν πέμπτον· καὶ ἔτι τὸν τρίτον ἐπὶ τὸν τέταρτον· καὶ τὸν τρίτον ἐπὶ τὸν τέταρτον, καὶ γράφε· εἶτα ποίει σημεῖόν τι καὶ ἐπὶ τὸν δεύτερον· καὶ ποίει τὸν τρίτον ἐπὶ τὸν πέμπτον· καὶ τὸν τρίτον ἐπὶ τὸν πέμπτον· ἐπὶ γὰρ τὸν τέταρτον ἐγένετο· καὶ ἔτι τὸν τέταρτον ἐπὶ τὸν τέταρτον πρὸς ὀρθάς, καὶ γράφε· εἶτα σημειωσάμενος καὶ τὸν τρίτον, ποίει τὸν τέταρτον ἐπὶ τὸν πέμπτον· καὶ τὸν τέταρτον ἐπὶ τὸν πέμπτον, καὶ γράφε, εἶτα τὸν πέμπτον ἐπὶ τὸν πέμπτον, καὶ γράφε.

II. DIVISION.

1. MÉTHODE DE L'ABACUS.

(*) *Division sans différences.*

Division de 100000 *par* 20023. [a])

« His breviter dictis, dicendum mihi videtur de composita divisione, quod alia continua, alia intermissa. Continua est, quando divisores continue ponuntur, positis quolibet modo dividendis; intermissa est, quando divisores, intermisso uno arcu vel pluribus, ponuntur, positis ubicumque dividendis. »

---

[a]) *Comptes rendus, loc. laud.,* pag. 242, lig. 3 à 31.

(31)

« Ut autem quod dicitur magis appareat ponamus quamdam intermissam sic *): Ponantur igitur divisores in singulari ternarius, in X°° binarius, et in X°. M.° alius binarius, intermissis duobus arcubus, C°. scilicet et M°. Positis itaque divisoribus, ponatur unitas dividenda in CM; et ita centum milia sunt dividenda XX milibus et XX tribus. Modo binarius, quia major est unitate, juxta supradictam regulam **), secundatur. Nunc restat quaerere quociens est binarius in X. Possemus dicere quinquies; sed quia nichil de summa remaneret quod inferiores divisores possent capere, dicemus quater, et remanent II°; et illa II°, quia remanent de articulo et sunt digitus, transferemus, et denominacionem quintabimus ***), sicut regula ****) exigit. Hoc facto dicamus : quater duo, VIII sunt, modo possemus VIII auferre a XX milibus; quilibet enim quartus arcus superior cuilibet quarto inferiori millenus est; et positis residuis, bene procederemus ad finem divisionis; sed faciamus compendiosius, et ponamus singulos novenarios in vacuis campis, et dempta unitate ab illo binario qui superius remansit, superponamus eam novenario inferiori, et tunc illud VIII, qui de binario multiplicato per denominacionem supra sumptam excrevit, a denario auferamus, et remanebunt II, et transferentur, et unitas suraposita novenario abicietur. Modo sequitur ut per denominacionem suprapositam, scilicet per IIII, ternarium multiplicemus sic : quater tres, XII : modo restat ut XII a XX auferamus; XX enim propior est ei, et constat quod de propiore sibi debet auferri

---

*) Voici le tableau explicatif par lequel M. Chasles représente cette opération :

CM	XM	M	C	X	I	
	2			2	3	Diviseurs.
	2					Plus grand diviseur placé à la droite du dividende.
1						Dividende.
	2					Reste.
			1			
		1	9	9		Autre expression du reste.
					8	Produit du diviseur 2) par la dénomination 4.
		1	9	9	2	Reste.
				1	2	Produit du diviseur 3 par la dénomination 4.
		1	9	9	8	Reste de la division.
					4	Dénomination.

**) Voici cette règle : « Divisor cujuscumque sit arcus, si minor vel aequalis fuerit summae dividendae, supraponitur, si non, secundatur. »

***) Traduction de M. Chasles : « Et comme ces deux restent d'un article, et qu'ils sont un digit, nous les déplacerons, et nous poserons la dénomination [c. à d. le quotient] au cinquième rang (à partir du diviseur). »

****) Voici cette règle: « Quoto loco arcus quilibet a singulari discesserit, toto loco retro ponetur denominacio sui divisoris, quocumque translatus fuerit. »

et etiam de sibi subposito, si subpositus major est eo. Dicamus igitur : si XII auferantur a XX, quot remanerent ? VIII, et transferuntur. Ecce facta est divisio compendiosius per novenarios in vacuis campis positos, et per unitatem inferiori novenario superpositam. Et, quotiens opus fuerit, tali ponte sic facito: Deme unitatem summae a qua debes auferre inferiorem divisorem *), quecumque sit summa illa, et si sola unitas ibi fuerit, illam solam sume, et positis novenariis in vacuis campis, superpone eam unitatem inferiori novenario. Et memento auferre illud quod aufertur, et in hac divisione et in omnibus aliis, a superiori numero sibi proximo. Ecce habemus quaternariam denominacionem, et X et IX milia et nongenta octo remanent dividenda: quae summa divisoribus minor est; patet igitur quod de CM piris pertineant XX milibus militibus et XXIII, unicuique III pira, supradictis remanentibus. Et quod ita sit multiplicatione probare poteris. »

(¹) *Division avec différences.*

Division de 7800 par 166. **)

« Restat ut de composita divisione cum differentia dicamus. Composita divisio, alia continua, alia intermissa. Continua est, quando divisores continue ponuntur;

---

*) Note explicative de M. Chasles: « L'auteur veut dire *le produit du diviseur inférieur par la dénomination*. Par diviseur *inférieur*, il entend ici le diviseur qui vient immédiatement après les colonnes vides. Ainsi, dans le nombre 20023 dont il s'agit, 20 est le diviseur inférieur dont parle l'auteur. »

**) *Comptes rendus*, loc. laud., pag. 213, lig. 11 à pag. 215, lig. 8. — Cette méthode consiste essentiellement à remplacer le diviseur par une différence. Peut être les lecteurs saisiront plus facilement l'esprit de cette méthode en exécutant d'abord la division de 7800 par 200 − 34 = 166 de la manière suivante :

```
200−34 | 7800 | 30
        −6000
        ─────
         1800
        + 1020
        ─────
200−34 | 2820 | 10
        −2 00
        ─────
          820
        + 340
        ─────
200−34 | 1160 | 5
        −1000
        ─────
          160
        + 170
        ─────
200−34 | 330 | 1
        − 200
        ─────
          130
        + 34
        ─────
          164
```

intermissa quando unus arcus, vel duo, vel plures intermittuntur positis divisoribus, quoquo ordine dividendi ponantur. Ut autem quod dicitur clarius liquescat sub exemplo ostendatur continua, deinde intermissa. »

« Ponantur igitur divisores hii *): VI in singulari arcu, VI quoque in deceno, unitas in C.(¹) **) Regula autem superponendarum differentiarum haec est : Inferiori divisori superponetur integra differentia, scilicet senario superponetur quaternarius; medio vero superponetur differentia minus uno integra, scilicet senario ternarius (²), et quotiens plures medios posueris, quotquot fuerint, semper differentias minus uno integras eis superpones : major vero divisor nulla gaudet differentia. His ita positis, ponantur dividenda, scilicet VIII in C; VII in milleno (³). Hoc facto, natura divisionis exigit ut major divisor qui est unitas, sumat mediam partem de dividenda summa, scilicet de VII, et unitas quae remanebit, sumpta medietate VII, scilicet sumptis tribus, ibidem maneat, et sumpta pars, scilicet III, in inferiori parte deceni arcus ponatur, juxta regulam quam dicam : Compositus divisor cum differentia terciatus, partem sumptam a dividendo ut denominacionem terciabit, si ipsa pars inde sumitur ut a digito; si inde sumitur ut ab articulo, quartabit ***); et ne deinceps de talibus denominacionibus ponendis dubites, scito quod, sicut terciatus terciat, similiter secundatus secundat, quartatus quartat, et sic de ceteris, semper parte que ut ab articulo sumitur uno arcu inferiorata. »

*) Voici le tableau explicatif par lequel M. Chasles représente cette opération :

M	C	X	I		
		3	4	b.	Différences.
	1	6	6	a.	Diviseurs.
7	8			c.	Dividendes.
1				e.	Reste du plus grand dividende.
		1	2	f.	Produit de la différence 4 par la dénomination 3.
		9		g.	Produit de la différence 3 par la dénomination 3.
2	8	2		h.	Nouveau dividende.
	3	4		j.	Produit des différences par la dénomination 1.
	1	6		k.	Nouveaux dividendes.
		2		m.	Produit de la différence 4 par la dénomination 5.
		1	5	n.	Produit de la différence 3 par la même dénomination.
		3	3	o.	Nouveaux dividendes.
		1		q.	Reste du plus grand dividende.
		3	4	r.	Produits des différences par la 3ᵉ dénomination 1.
	1	6	4	s.	Nouveaux dividendes plus petits que les diviseurs. Reste de la division.
		1	1	i–p. ⎫ Dénominations.
		3	5	d–l. ⎭
		4	6	t.	Somme des dénominations. Quotient total.

**) Les lettres (a), (b) etc. sont des signes de renvoi aux lignes du tableau explicatif marquées des mêmes lettres.

***) Traduction de M. Chasles : « Un diviseur composé, placé au troisième rang avec sa différence, enverra au troisième rang à partir du dividende, la partie prise comme dénomination, si cette partie est prise comme d'un digit, et au quatrième rang, si elle est prise comme d'un article. »

« Ut autem quotam partem dividendi major divisor capere debeat intelligas, scias quod si unitas fuerit major divisor, sumit dimidium; si binarius, sumit terciam partem; si ternarius, quartam; si quaternarius, quintam, et ita crescente quantitate denominacionis divisoris *), quantitas sumptae partis semper minuitur. Unde autem hoc contingit quod, si est unitas, sumit dimidiam partem, si binarius, terciam partem et sic de ceteris; et quur in simplici divisione cum differentia tota major summa dividenda ad denominacionem capiatur, posterius dicemus. Sed prius predictam divisionem exequamur. Positis igitur supradictis summis dicamus. Quota est medietas septenarii? III et remanet I. Hoc dicto, ponatur illa medietas, scilicet III, in inferiori parte X arcus (^{d}), relicta dividenda unitate in milleno (^{e}), et tunc restat ut per illam partem, scilicet per ternarium differentias divisorum multiplicemus sic: ter IIII, XII; et secundum regulam multiplicationis deceni arcus, ponitur binarius in deceno, unitas in centeno (^{f}), et postea dicimus: ter tres, IX. Hoc quoque posito in centeno arcu (^{g}), secundum regulam, ecce habemus binarium in deceno, novenarium et octonarium et unitatem in centeno, et unitatem in milleno. Modo restat ut remoto novenario et manente octonario, unitas transferatur in millenum (^{h}). Et tunc iterum quaeritur: quota medietas binarii? unitas; et ea unitate posita super priorem partem (^{i}), scilicet super ternarium, et alia unitate remota a milleno arcu, per unitatem super ternarium positam multiplica differentias divisorum. Hoc facto et positis excrescentibus summis, secundum regulam multiplicationis (^{j}), ecce habet IIII et II in X, et VIII et III in C. Purgatis igitur arcubus, remanet VI in deceno, unitas in centeno, et unitas in milleno (^{k}). Modo quia medietas unitatis per integros non potest sumi, nec aliquis digitus per unitatem notatur, restat ut medietatem X sumamus; et nota quoties poteris sumere ut de digito partem sumendam, nunquam sumes ut de articulo; si vero ut de digito non poteris, sume de articulo: quare sumendam partem continentem inferius per illum numerum notatum inveneris, quotocumque arcu distet a divisore. Et sumpta pars de articulo semper uno arcu a sumpta parte a digito inferiorabitur, secundum regulam supradictam. Dicamus igitur: quota est medietas denarii? V; posito itaque quinario secundum regulam, in arcu singulari (^{l}), multiplica differentias divisorum per V. Hoc facto (^{m,n}) et purgatis arcubus, remanent duo ternarii, unus in X arcu, alius in centeno (^{o}); et tunc dicemus: quota est medietas III? Unitas, et remanet unum. Retenta igitur sola unitate in centeno (^{p}), alia superponitur quinario (^{q}), secundum regulam supradictam, et per eam unitatem multiplicatis differentiis divisorum, et positis summis excrescentibus in mediis campis (^{r}), et purgatis

---

*) Remarque explicative de M. Chasles: « Ici *dénomination* du diviseur veut dire la valeur absolue du digit qui exprime le diviseur. Ainsi, quand le diviseur est 300, 3 est sa dénomination; s'il est 4000, 4 est sa dénomination. »

arcubus, remanet quaternarius in singulari, senarius in deceno, unitas in centeno (') et nichil restat dividendum; quod patet remotis differentiis a divisoribus. Pertinent igitur de VII milibus et octingentis piris, CLXVI militibus unicuique XLVI ('), remanentibus CLXIIII communibus ('); quod multiplicatione probari potest. »

2. MÉTHODE D'ALKHÂRIZMI.
Division de 46468 par 324 *).

« Et scito quod diuisio sit similis multiplicationi; set hoc fit econuerso: quare in diuisione minuimus, et ibi addimus, idest in multiplicatione. Eius exemplar est quod, cum uellemus diuidere quadraginta sex milia et quadrigentos sexaginta octo super tercentos .XXIIII., posuimus primum in dextera parte octo; postea posuimus sex uersus sinistram qui sunt sexaginta : de inde .IIII?^{r} qui sunt quadringenti; postea sex que sunt .VI. milia; postea .IIII?^{r} que sunt quadringinta milia. Eruntque ultima harum differentiarum [quatuor] uersus sinistram, et prima earum octo uersus dexteram : post hec scribes sub eis numerum super quem diuidis; scribesque ultimam differentiam numeri, super quem diuidis, que est figura trium , et sunt tercenti sub ultima differentia numeri superioris, que sunt IIII?^{r}, eo quod sit minus illo quod est supra eum: et si esset plus illo, retrahemus eum una mansione, ponemusque eum sub sex : post hec ponemus in ea, que succedit tres, figuram duorum que sunt .XX. sub sex : postea ponemus in ea que succedit [.II. sub] .IIII?^{r} idem .IIII?^{r}: et hec figura earum. »

« Post hec incipientes scribamus in directo prime differentie numeri super quem diuidimus super numerum superiorem quem diuidimus qui sunt quater unum: et si posuissemus eum sub .IIII?^{r} , esset conueniens. Multiplicemusque ipsum in

---

*) *Trattati d'Aritmetica etc.*, pag. 14, lig. 27 à pag. 16, lig. 15. — Voici comment nous pouvons figurer l'opération décrite dans ce texte :

```
        1 3 6
        1 4
        2
      1 1 0
        1 2
        2
        0
        4
      1
          1 4 3    quotient
        4 6 4 6 8  dividende
          3 2 4    diviseur
          3 2 4
            3 2 4
```

(36).

tribus, et minuemus eum de eo quod supra ipsum est, et remanebit unum. De inde multiplicemus eum in duobus; minuemus eum de eo quod supra ipsum est, qui sunt .VI., et remanebunt .IIII.ᵒʳ Post hec multiplicemus eum iterum in .IIII.ᵒʳ, et minuemus eum de eo quod supra ipsum est, que sunt .IIII., et nichil remanebit: ponemusque in loco eius circulum. Postea mutabis inicium numeri super quem diuidis, uel .IIII.ᵒʳ sub .VI., et erunt duo sub circulo, et III. sub .IIII. De inde scribes in directo inferioris numeri aliquid in ordine unius, idest .IIII., quos multiplicabis in tribus, et erunt XII.; minuesque eos de eo quod est super tres qui sunt XIIII., et remanebunt .II.: post hec multiplicabis etiam ipsos .IIII.ᵒʳ in duobus qui succedunt tres, et erunt VIII., quos minues de eo quod supra ipsum est qui sunt .XX., et remanebunt XII., duo scilicet supra II.ᵒ, et unum supra tres. Iterum multiplicabis .IIII., in .IIII. qui succedunt dexteram, et erunt XVI.; minuesque eos de eo quod supra ipsos est qui sunt .CXXVI., et remanebunt supra .IIII. circulus, et supra duos unum, et super tres unum. Iterum mutabis numerum super quem diuidis, idest IIII.ᵒʳ sub VIII., erunt duo sub circulo et tres sub uno: postea scribes in directo IIII. super numerum superiorem quem diuidis in ordine .IIII., atque unius tres, quos multiplicabis in tribus, et erunt .IX.; minuesque eos de eo quod est supra tres, qui sunt XI., et remanebunt super tres duo. Multiplicabis quoque tres in duobus qui succedunt tres, et erunt VI., quo minues de eo quod est supra tres [?] qui sunt .XX., remanebunt .XIIII. Iterum multiplicabis predictos tres in .IIII.ᵒʳ qui succedunt duos, et erunt XII.; minuesque eos de eo quod super illos est, qui sunt CXXVIII. [?], et remanebunt supra .IIII. sex, et supra duos tres, et supra tres unum. Exibitque nobis quod debetur uni ex eis; et hoc erit .CXLIII., et CXXXVI. partes de .CCC.XXIIII. partibus unius: et hec figura eorum. »

3. MÉTHODE DE LÉONARD DE PISE.

(¹) *Division de* 18456 *par* 17. ⁽*⁾

« Si quis uoluerit diuidere 18456 per 17, describat 17 sub 56 de 18456, et accipiat $\frac{1}{17}$ de 18 que sunt ultime due figure diuidendi numeri que est 1, et remaneat 1; et ponat 1 sub 8 de ipsis 18, et remanens 1 ponat super 8, ut in prima descriptione

---

*) Il *Liber Abbaci* etc., pag. 31, ligne dernière à pag. 32, lig. 30. — Voici le tableau dont cette opération est accompagnée dans le Liber Abbaci:

```
           4
         1 6 9
       1 8 4 5 6
           1 7
         1 0 8 5
      ¹¹⁄₁₇ 1 0 8 5
```

ostenditur. Et copulet ipsum 1 cum antecedente figura, scilicet cum 4, facient 14 que 14 cum minus sint diuisore numero, scilicet de 17, ponet 0 sub ipsis 4, scilicet ante positum 1 sub 8 et copulabis ipsa 14 cum antecedente figura, scilicet cum 5, facient 145 : ponet itaque sub dictis 5 talem figuram arbitrio, que per 17 multiplicata, faciat fere dicta 145: nam ut ipsum arbitrium ex arte habeatur, uideatur de diuisore numero, scilicet de 17 cui decenario numero propinquior est : est enim propinquior 20 : diuidat ergo dicta 145 per 20 quod sic fit : de 20 reliquat primam figuram, scilicet zephyrum, remanebunt 2 de ipsis 20; et relinquat iterum primam figuram de 145, scilicet 5, remanebunt 14, que diuidat per dicta 2, exibunt 7; et talis debet esse figura quam debet ponere sub 5 uel 1 amplius, scilicet 8 et hic contigit, quia 17 minus sunt de 20 : unde maior pars est $\frac{1}{17}$ de 145 quam $\frac{1}{20}$. Ponat itaque 8 sub 5 de 145, quia hic itaque opportet et multiplicet ipsa 8 per 17 et extrahet multiplicationem ipsorum de 145 quod sic fit : multiplicabis itaque 8 per ultimam figuram de 17, scilicet per unum, erunt 8, que extrahat de 14, remanebunt 6 que ponat super 4 de 14 et copulet ipsa 6 cum antecedente 5, facient 65, de quibus extrahat multiplicationem eorumdem 8 in aliam figuram de 17, scilicet in 7 que multiplicatio est 56, remanent 9 et tot remanet de 145, extracta inde multiplicatione de 8 in 17, ut in secunda descriptione ostenditur : ponat itaque 9 super 15 [?] et copulet ipsa cum antecedente figura, scilicet cum 6, facient que restant diuidenda per 17, 96, et ponat sub 6 iterum talem figuram que multiplicata per 17 faciet proprius quam poterit de 96. Unde ut sciat qualis sit illa figura, relinquat 6 de 96 et remanentia 9 diuidat per 2, sicut antea fecimus, de 14, exibunt $\frac{1}{2}$ 4: quare ponat 5, hoc est amplius de $\frac{1}{2}$ 4 sub 6, hoc est in primo gradu exeuntis numeri, et multiplicabis ipsa 5 per 1 de 17, scilicet per ultimam figuram ipsorum, facient 5, que extrahat de 9 que posita sunt super 5, remanent 4, que ponat super ipsis 9 et copulabis ipsa 4 cum antecedentibus 6, scilicet cum quibus antea copulauimus 9, facient 46, de quibus extrahet multiplicationem de eisdem 5 in 7, hoc est 35, remanebunt 11 remanebunt, que ponat super 17 ex parte scruatis sub uirga, et exeuntem numerum, scilicet 1085, ponet ante ipsam; et sic habebis $\frac{11}{17}$ 1085 pro quesita diuisione, ut in hac ultima descriptione ostenditur. »

(38)

(¹) *Division de* 574930 *par.* 563. *)

« Item si proposuerit diuidere 574930 per 563, positis 563 sub 930, ponat prescriptis dispositionibus 1 sub 4, scilicet in quarto gradu, et multiplicet ipsum per 5 diuisoris numeri, fiunt 5, pro quibus relinquat 5 que sunt in ultimo gradu diuidendi numeri : quia cum quartus gradus multiplicat tertium, sextum gradum facit, hoc est quartum ab ipso quem multiplicat; et multiplicet eundem 1 per 6 diuisoris, fiunt 6, que extrahat de 7, remanet 1, quod ponat super eadem 7 : nam cum quartus gradus multiplicat secundum, quintum gradum facit; et iterum multiplicet 1 per 3 diuisoris, fient 3; que extrahat de 4, hoc est de 14, propter 1 quod remansit super 7 : nam cum quartus gradus multiplicat primum, quartum gradum facit uel terminante in ipso. Et ideo predicta 3 sunt extrahenda de 4, que sunt in quarto gradu, hoc est de 14 que terminant in ipso, remanebunt 11, scilicet 1 super quintum gradum et aliud super quartum; cum quibus 11 copulet 9 fiunt 119, que cum sint minus de 563, scilicet diuisore, ponendum est 0 sub ipsis 9; et copulet 3 que sunt in secundo gradu diuidendi numeri cum 119, fient 1193. Quare ponat in secundo gradu, arbitrio exeuntis, talem figuram que multiplicata per 563 faciat fere 1193, que figura erit 2, que multiplicet per 5 diuisoris, fiunt 10, que extrahat de 11 prescriptis, remanet 1; pro quo relinquat ipsum 1 quod fuerat positum super 4, et deleat aliud 1 quod est super 7, et multiplicet 2 per 6 diuisoris fiunt 12; que extrahat de 19, remanent 7 que ponat super 9 et deleat 1 quod est super 4; et multiplicet 2 per 3 diuisoris fiunt 6; que extrahat de 73, remanent 67 : deleat 7 que erant super 9 et ponat 67 super 93, ut in descriptione habetur. Et copulet ipsa 67 cum 0, fiunt 670; pro quibus dictis dispositis ponat 1 sub 0, et multiplicet ipsum per 5 diuisoris, fiunt 5, que extrahat de 6, remanet 1 : deleat ipsa 6 et ponat ibidem 1; et multiplicet 1 per 6, fiunt 6; que extrahat de 7 remanet 1 : deleat 7 et ponat ibi ipsum 1; et multiplicet 1 per 3 diuisoris, fiunt 3, que extrahat de 110, remanent 107, que ponat super uirgulam de 563 et ante ipsam ponat exeuntia 1021, ut in hac descriptione describitur. »

---

*) Il *Liber Abbaci* etc., pag. 41, lig. 23 à pag. 45, lig. 9. Voici le tableau dont cette opération est accompagnée dans le Liber Abbaci :

$$
\begin{array}{r}
1 \\
6\ 1 \\
1\ 1\ 7\ 7 \\
5\ 7\ 4\ 9\ 3\ 0 \\
5\ 6\ 3 \\
1\ 0\ 2\ 1 \\
\tfrac{107}{563}\ 1\ 0\ 2\ 1
\end{array}
$$

(39)

4. MÉTHODE DE PLANUDE.*)

(¹) *Division de* 4865 *par* 3, *par* 4 *et par* 5.

Soit donc proposé la figure suivante, dans laquelle le nombre monadique **) (par lequel on divise) est plus petit que le dernier (chiffre du dividende). Je peux retrancher une fois le 3 du 4, et j'écris au-dessous du 4, 1. Il reste une unité. Je la pose en petit au-dessus de l'intervalle qui est entre le dernier et l'avant-dernier chiffre, et la réunissant à l'avant-dernier chiffre qui est 8, je fais 18. Comme je peux de nouveau retrancher six fois le 3 du 18, j'écris au-dessous du 8, 6; et là il ne reste rien. De nouveau je peux retrancher le 3 deux fois du six; j'écris 2 au-dessous du 6; et là il ne reste rien non plus. De nouveau je peux retrancher le 3 une fois du 5; j'écris au-dessous du 5, 1; et du 5 il reste 2. J'écris cela en dehors du rang, et je divise chacune des deux unités contenues dans ce nombre, ou chacune d'elles, si c'étaient plusieurs, en ***) autant de parties que le nombre monadique contient d'unités. Or, il était composé de trois unités. C'est donc en des tiers que je divise les unités contenues dans le deux, et je dis que le tiers de 4865 est mille six cent vingt un et deux tiers, ce qui est le double d'une partie (d'un tiers).

    1
4 8 6 5 2
1 6 2 1
    3

Soit de nouveau une figure dans laquelle le nombre monadique est égal au der-

---

*Εστω δὴ διάγραμμα, οὗ ἐλάττων ὁ μοναδικὸς τοῦ τελευταίου, τόδε· δύναμαι τὸν 3 ἀφελεῖν ἅπαξ ἀπὸ τοῦ 4· καὶ γράφω ὑπὸ τὸν 4, 1· κατελείφθη καὶ μονὰς μία· ταύτην τίθημι μικρὰν ὑπεράνω τοῦ μεταξὺ τοῦ τελευταίου καὶ τοῦ παρατελεύτου· καὶ ἑνώσας τῷ παρατελεύτῳ τῷ 8, ποιῶ 18· καὶ ἐπεὶ δύναμαι πάλιν τὸν 3 ἀφελεῖν ἑξάκις ἀπὸ τοῦ 18, γράφω ὑπὸ τὸν 8, 6· καὶ ἐνταῦθα οὐ κατελείφθη τι· πάλιν δύναμαι ἀφελεῖν τὸν 3 δὶς ἀπὸ τοῦ ἕξ· καὶ γράφω 2 ὑπὸ τοῦ 6· καὶ οὐδ' ἐνταῦθα κατελείφθη τι· πάλιν δύναμαι ἀφελεῖν τὰ 3 ἅπαξ ἀπὸ τοῦ 5· καὶ γράφω ὑπὸ τὸν 5, 1· καὶ κατελείφθησαν ἀπὸ τοῦ 5 καὶ 2· ταῦτα γράφω ἐκτὸς τοῦ στίχου· καὶ μερίζω τὰς ἐν αὐτῷ μονάδας 1
ἑκατέραν, ἢ εἰ πλείους εἶεν, ἑκάστην εἰς μέρια ἴσων μονάδων ἣν ὁ μοναδικὸς ἀριθμεῖ· 4 8 6 5 2
ἦν δὲ μονάδων τριῶν· εἰς τρίτα ἄρα μερίζω τὰς ἐν τῇ δύο μονάδας· καὶ λέγω ὅτι τὸ 1 6 2 1
τρίτον τῶν ͵δωξε ἐστὶ χίλια ἑξακόσια εἰκοσὶν καὶ δύο τρίτα, ἅ ἐστι δίμοιρον. Πάλιν 3
ἔστω διάγραμμα οὗ ὁ μοναδικὸς ἴσος ἐστὶ τῷ τελευταίῳ· λέγω οὖν· ἅπαξ τὰ δ', 4· γράφω 1 ὑπὸ τὸν 4·

---

*) Le chapitre relatif à la division n'est pas contenu dans les Mss. 2428 et 2509 qui ne renferment pas le traité complet de Planude. Les Mss. 2381 et 2382 présentent une trop grande conformité pour qu'on puisse les considérer comme indépendants l'un de l'autre, et pour qu'on puisse, par leur comparaison entre eux, améliorer sensiblement le texte. Nous renfermerons ci-après entre astérisques plusieurs passages qui nous ont paru plus ou moins altérés.
**) C'est à dire un nombre composé uniquement d'unités sans dizaines.
***) Les deux mss. portent ἐκ au lieu de ἐξ.

(40)

nier chiffre. Je dis donc : une fois le 4, 4; j'écris 1 au-dessous du 4. Deux fois le 4, 8; j'écris au-dessous du 8, [2.] *) Une fois le 4, 4; j'écris 1 au-dessous du 6; il reste 2. J'écris cela, comme il a été dit, en petit au-dessus de l'intervalle qui est entre le 6 et le 5; et le réunissant **) au 5 je fais 25. Retranchant de cela six fois le 4, j'écris au-dessous du 5, 6. Il reste une unité qui devient un quart; de sorte que le quart de 4865 est 1216 et un quart d'une unité.

    2
4 8 6 5   1
1 2 1 6
    4

Eu égard à l'opération totale, on a divisé ici un nombre plus grand par un nombre plus petit, car on a divisé 4865 par 4; mais, eu égard aux détails, on a aussi bien divisé par un nombre égal et par un nombre plus petit que par un nombre plus grand; par un nombre égal, en divisant le 4 par le 4; par un nombre plus petit, en divisant le 8, le 6 et le 5 par le même quatre; par un nombre plus grand, en divisant l'unité par le quatre.

Soit de nouveau proposé une figure dans laquelle le nombre monadique est plus grand que le dernier chiffre. Comme je ne peux pas retrancher le 5 du 4, je réunis le 4 et le 8, et je fais 48. J'en retranche neuf fois le 5, c'est à dire 45. J'écris le 9 au-dessous du 8, il reste 3. Réunissant cela au 6 je fais 36. De ceci je retranche sept fois le 5, et j'écris au-dessous du 6 le 7. Il reste une unité; je la réunis au 5, et je fais 15. De cela je retranche trois fois le 5, il ne reste rien, et j'écris le 3 au-dessous du 5. Le cinquième de quatre mille huit cent soixante cinq sera donc 973.

  3 1
4 8 6 5
9 7 3
  5

δὶς τὰ 4, 8· γράφω ὑπὸ τὸν 8, [2.] ἅπαξ τὰ 4, 4· γράφω 1 ὑπὸ τὸν 6· λοιπὰ 2· ταῦτα γράφω ὡς εἴρηται μικρὰ ἀνωτέρω τοῦ μεταξὺ τοῦ 6 καὶ τοῦ 5· καὶ * ἐν τῷ * 5 ποιῶ 25· καὶ ἀφαιρῶν ἑξάκις ἐξ αὐτοῦ 4, γράφω ὑπὸ τὸν 5, 6· λοιπὴ μονὰς ἥτις γίνεται ἐν τέταρτον· καὶ ἔστι τὸ τέταρτον τῶν ὁμξέ, αφις ὁπλξς καὶ μονάδος τέταρτον ἕν. Καθόλου μὲν οὖν ὁ μείζων ἀριθμὸς ἐνταυθοῖ εἰς ἐλάττονα ἐμερίσθη· τὰ γὰρ 4865 πρὸς 4· κατὰ μέρος δὲ καὶ πρὸς ἴσον καὶ ἐλάττονα καὶ μείζονα· πρὸς ἴσον μὲν, ὅταν ὁ 4 πρὸς τὸν 4 ἐμερίζετο· πρὸς ἐλάττονα δὲ, ὅταν ὁ 8 καὶ ὁ 6 καὶ ὁ 5 πρὸς τὸν αὐτὸν 4· πρὸς μείζονα δὲ, ὅταν ἡ μονὰς πρὸς τὸν 4. Πάλιν ἐκκείσθω διάγραμμα οὗ ὁ μοναδικὸς ἀριθμὸς μείζων ἐστὶ τοῦ τελευταίου· ἐπεὶ μὴ δύναμαι ἀφελεῖν τὸν 5 ἀπὸ τοῦ 4, ἑνῶ τὸν 4 καὶ τὸν 8, καὶ ποιῶ 48· καὶ ἀφαιρῶν ἐνάκις τὸν 5, ἤτοι 45· γράφω τὸν 9 ὑπὸ τὸν 8· λοιπὰ 3· ταῦτα ἑνῶ τῷ 6, ποιῶ 36· ἀφαιρῶ ἐκ τούτων ἑπτάκις τὸν 5, καὶ γράφω ὑπὸ τὸν 6 τὸν 7· λοιπὴ μονὰς· ταύτην ἑνῶ τῷ 5, καὶ ποιῶ 15· ἀφαιρῶν τρὶς τὸν 5 ἀπὸ τούτων, καὶ οὐ μένει τι· καὶ γράφω τὸν 3 ὑπὸ τὸν 5· καὶ γίνεται τὸ πέμπτον τῶν ͵δωξέ ἑπτακοσίων ξγ. Μ‵εγ.

  3 1
4 8 6 5
9 7 3
  5

---

*) Le 2 manque dans les deux mss.
**) Les deux mss. portent ἐν τῷ· Nous conjecturons qu'il faut lire ἑνῶν τῷ, ou ἑνώσας τῷ

(41)

(¹) *Division de 40 par 30, par 3 et par 36.*

C'est ainsi que l'on procède, si le nombre par lequel on divise le rang de chiffres proposé, est monadique. Mais s'il est décadique, et que le rang proposé soit également décadique, je retranche le nombre inférieur du nombre supérieur ; car dans ce cas il faut toujours que le nombre supérieur soit plus grand que le nombre inférieur. Retranchant donc celui-ci du premier autant de fois que je peux, j'écris au-dessous du nombre supérieur le nombre qui indique combien de fois l'autre en a été retranché ; et s'il n'y a point d'excédant, je fais comme il a été dit ci-dessus. Soit donc la figure suivante. Je retranche une fois le 3 du 4, et j'écris le 1 au-dessous du 4. Il reste un. Je le divise en 30, et je dis que le trentième de quarante est une unité et un trentième d'une unité. *)

      1
4 0
      1
3 0

Mais si le nombre supérieur est décadique et le nombre inférieur monadique, l'opération se fait comme il suit. Je retranche du 4 une fois le 3, et j'écris 1. Il reste une unité qui est prise, eu égard au zéro proposé, comme une dizaine. J'en retranche trois fois le 3, et j'écris au-dessous du 0, 3. Il reste une unité. Je la divise en trois, et je dis que le tiers de quarante est 13 et un tiers d'une unité.

      1
      1
4 0 1
1 3
      3

Et si le nombre supérieur est décadique et le nombre inférieur mixte, je fais comme il suit. Je retranche le 3 une fois du 4, et j'écris 1. Il reste 1 ; cela devient 10. De ceci je retranche en outre une fois le 6. Il reste quatre. Et je dis que le trentesixième de 40 est une unité et quatre trentesixièmes, ce qui est un neuvième.

      1
4 0 4
      1
3 6

Καὶ ταῦτα μὲν εἰ μοναδικός ἐστιν ὁ ἀριθμὸς πρὸς ὃν μερίζεται ὁ στίχος· εἰ δὲ δεκαδικὸς εἴη, εἴη δὲ καὶ ὁ ἐκκείμενος στίχος δεκαδικός, ἀφαιρῶ τὸν κάτω ἀπὸ τοῦ ἄνω· δεῖ γὰρ πάντως ἐνταῦθα μείζονα εἶναι τὸν ἄνω τοῦ κάτω· καὶ ἀφελὼν ὁσάκις ἂν δύνωμαι, γράφω ὑπὸ τὸν ἄνω τὸν ἀριθμὸν καθ' ὃν ἀφῄρηται. καὶ εἰ μὲν μηδὲν περιττεύει, ποιῶ καθὼς ἐν τοῖς ἀνωτέρω εἴρηται· καὶ ἔστω διάγραμμα τόδε· ἀφαιρῶ ἅπαξ τὸν 3 ἀπὸ τοῦ 4, καὶ γράφω τὸν 1 ὑπὸ τὸν 4· περιττεύει καὶ ἕν. * ταύτα μερίζω εἰς 30, καὶ λέγω τὸ τριακοστὸν τῶν τεσσαράκοντα εἶναι μονάδα καὶ μονάδος τριακοστὸν ἕν *. Εἰ δὲ ὁ μὲν ἐπάνω εἴη δεκαδικός, ὁ δὲ κατωτέρω μοναδικός, γίνεται οὕτως· ἀφαιρῶ ἀπὸ τοῦ 4 τὸν 3 ἅπαξ, καὶ γράφω 1· περιττεύει μονάς, αὕτη πρὸς τὸ ἐκκείμενον οὐδὲν δεκὰς λαμβάνεται καὶ ἀφαιρῶ ἐξ αὐτῆς τρὶς τὸν 3, καὶ γράφω ὑπὸ τὸ 0, 3. λειπή μονάς· ταύτην μερίζω εἰς 3, καὶ λέγω τῶν τεσσαράκοντα τὸ τρίτον εἶναι ιγ' καὶ μονάδος τρίτον ἕν. Εἰ δ' ὁ μὲν ἐπάνω εἴη δεκαδικός, ὁ δὲ κατωτέρω μικτός, ποιῶ οὕτως· ἀφαιρῶ τὸν 3 ἅπαξ ἀπὸ τοῦ 4, καὶ γράφω 1· λειπὴ 1· τοῦτο γίνεται 10· ἀφαιρῶ ἔτι ἅπαξ ἀπὸ τούτου τὰ 6· λειπὰ 4· καὶ λέγω ὅτι τῶν μ' τὸ τριακοστὸν ἕκτον ἐστὶ μονὰς καὶ τριακοστέκτα τέσσαρα, ἅ ἐστιν ἔννατον.

      1
4 0
      1
3 0

      1
      1
4 0 1
1 3

      1
4 0 4
      1
3 6

---

*) Ce passage renferme une grosse erreur qui, peut-être, ne doit pas être mise sur le compte du copiste.

(*) *Division de* 856078 *par* 24, *de* 71272 *par* 71, *et de* 272453 *par* 27. *)

Telle est donc aussi la manière de procéder, si le rang inférieur est décadique. Mais s'il est mixte, l'opération se fait comme il suit. **) Je pose le rang de chiffres dont il s'agit, et au-dessous le nombre mixte qui est 24. Maintenant je dis: quatre fois le 2, 8; du moins je veux dire ainsi; et quatre fois le 4 à retrancher du 5; mais je ne le peux pas. Je retranche donc du quatre fois une unité, et je dis: trois fois le 2, 6. J'écris le 3 au-dessous du 8. ***) Il reste 2 que j'écris en petit au-dessus de l'intervalle qui est entre le 8 et le 5; et de nouveau je dis: trois fois le 4, 12. Le 2 et le 5 faisaient 25. De cela je retranche le 12, il reste 13. J'écris cela perpendiculairement au-dessus du 5; mais au-dessous du 5 je n'écris rien, parce que c'est le même 3, placé au-dessous du 8, qui a été multiplié par le 2 et par le 4. De nouveau je peux du 13 retrancher six fois le 2. Comme il reste 1, en le réunissant au 6 on aura 16. Mais attendu que je ne peux pas de même retrancher six fois le 4 du 16, je retranche du six fois une unité, et je dis: cinq fois le 2, 10. J'écris au-dessous du 3, 5. Il reste 3. J'écris cela au-dessus de l'espace qui est au

*Ταῦτα μὲν οὖν καὶ εἰ διακλαδὴ ἔη ἡ κατωτέρω στίχος· εἰ δὲ μικτὴ, * γίνεται οὕτως· ἐκτίθημι τὴν ὑποκειμένην στίχον, καὶ ὑπ' αὐτὴν τὴν μικτὴν, ἥ ἐστιν κδ'. λέγω οὖν· τετράκις τὰ 2, 8· δῆλον τρόπον ὑποῖον· καὶ τετράκις τὰ 4 ἀπὸ τοῦ 5. ἀλλ' οὐ δύναμαι· ἀφαιρῶ τοίνυν ἀπὸ τοῦ τετράκις μονάδα, καὶ λέγω· τρὶς τὰ 2, 6. * γράφω 8 τὰ 3 * λείπει 2· ταῦτα γράφω μικρὰ ἀνωτέρω τοῦ μεταξύ μέσου τοῦ 8 καὶ τοῦ 5. καὶ πάλιν λέγω· τρὶς τὰ 4, 12. ἦσαν τὰ 2 καὶ 5, 25· ἀφαιρῶ ἐξ αὐτῶν τὰ 12, λείπει 13· ταῦτα γράφω ἐπάνω πρὸς ὀρθὰς τοῦ 5· ὑπὸ δὲ τὴν 5 οὐ γράφω τι, διὰ τὸ αὐτὴν τὴν 3 τὴν ὑπὸ τὴν 8 κειμένην πολλαπλασιάζεσθαι πρός τε τὰ 2 καὶ τὰ 4· πάλιν δύναμαι ἀπὸ τῶν 13 ἑξάκις ἀφελεῖν τὰ 2· καταλειφθέντος ἄ καὶ ἑνωθέντος τῇ 6, γίνεται 16· ἀλλ' ἐπεὶ οὐ δύναμαι καὶ ἑξάκις τὰ 4 ἀφελεῖν ἀπὸ τῶν 16, ἀφαιρῶ ἀπὸ τοῦ ἑξάκις μονάδα, καὶ λέγω· πεντάκις τὰ 2, 10· γράφω ὑπὸ τὸν 3, 5·

---

*) Cette partie du texte paraît avoir offert quelques difficultés à Delambre qui a, comme on sait, consacré à l'analyse du traité de Planude un chapitre de son Histoire de l'astronomie ancienne (Tome I, pag. 518 à 537). Voici comment il s'exprime (*ibid.* pag. 526) au sujet des exemples dont nous donnons ici le texte et la traduction.

« Viennent ensuite plusieurs exemples insignifians », (ce sont les divisions de 40 par 30, par 3 et par 26) « puis un exemple où le texte paraît altéré. Je conjecture qu'il s'agit de diviser 8578 par 24 » . . . . « L'exemple suivant est encore plus altéré; il paraît inintelligible, et ne mérite certainement pas la peine qu'on prendrait à le rétablir. On croit voir que Planude veut diviser 218 par 215. Cette fin est moins correcte que ce qui précède; elle manque même dans l'un des deux manuscrits. »

**) Ce passage paraît altéré, il semble du moins qu'on se serait attendu plutôt à trouver à sa place une phrase semblable à la suivante: « Telle est donc la manière de procéder, si le rang supérieur est décadique, pendant que le rang inférieur est décadique ou monadique ou mixte. Mais lorsque celui-ci est mixte et que le rang supérieur n'est pas décadique, l'opération se fait comme il suit. »

***) Les deux mss. portent γράφω 8 τὰ 3; évidemment au lieu de γράφω ὑπὸ τὸν 8 τὰ 3.

(43)

milieu entre le 5 et le 6. Cela fait 26, et je dis : cinq fois le 4, 20. Il reste 16.
J'écris cela perpendiculairement au-dessus du 6. Ne pouvant pas retrancher du 16
une fois le 21, j'écris et je dis: sept fois [le 2, 14. J'écris 7 au-dessous du 6. Il reste
2. J'écris cela au-dessus de l'intervalle qui est entre le 6 et le 9. Le réunissant au
9, on aura 29. De nouveau je dis : sept fois] le 4, 28. Il reste une unité. Ne pouvant
de celle-ci retrancher le 2, je la réunis au 7, ce qui fait 17. De nouveau je peux
du 17 retrancher huit fois le 2. Mais comme, en réunissant l'unité qui reste, au 8, je
ne peux pas pareillement retrancher huit fois le 4 du 18, je retranche une unité du
huit fois, et je dis : sept fois le 2, 14. J'écris au-dessous du 7, 7. Il reste 3. Je réunis
cela au 8, ce qui fait 28, et je dis: sept fois le 4, 28. Il reste 10.
J'écris cela en dehors du rang proposé. Au-dessous du 9 on ne
pose pas de chiffre, mais seulement le zéro, attendu qu'on n'en
a pas retranché le chiffre suivant du nombre mixte, lequel est
pris le premier, à savoir le 2. Et par la même raison on n'écrit
rien au-dessous du 8, j'entends parler de celui qui se trouve à droite.

```
         13 16 1
         2  3 2  3
         8  5 6 9 7 8    10
         3  5 7 0 7
         2  4
```

Il faut qu'on sache aussi ceci que, lorsque le nombre (proposé) est divisé par
un nombre monadique, il faut toujours retrancher ce nombre monadique du nombre
plus grand autant de fois qu'il est possible. Au contraire, lorsque le nombre est
divisé par un nombre mixte, il ne faut plus toujours retrancher le chiffre suivant
du nombre mixte qu'on prend le premier, autant de fois qu'il est possible, mais
il faut quelquefois retrancher de la manière qui a été montrée dans l'exemple ci-
dessus, lorsque, pouvant dire quatre fois le 2, nous avons dit trois fois *) le 2.

λειπᾶ 3· ταῦτα γράφω ὑπὲρ τὸ μέσον τοῦ 5 καὶ 6· καὶ γίνεται 36. καὶ λέγω· πεντάκις τὰ 4, 20·
λειπᾶ 16· ταῦτα γράφω ἐπάνω πρὸς ὀρθὰς τοῦ 6· καὶ ἐπεὶ ἀπὸ τοῦ 16 ἅπαξ οὐ δύναμαι ἀφελεῖν 21,
* γράφω καὶ λέγω· ἑπτάκις τὰ δ΄, 23. * λειπᾶ 1· ἐπεὶ μὴ δύναμαι ἀπὸ ταύτης ἀφελεῖν τὸν 2, ἑνῶ
αὐτὴν τῷ 7, καὶ γίνεται 17· πάλιν δύναμαι ἀπὸ τοῦ 17 ἀφελεῖν ἑπτάκις τὸν 2· ἀλλ᾽ ἐπεὶ λειπο-
μένης μονάδος καὶ προστιθεμένης τῷ 8 οὐ δύναμαι καὶ ἑπτάκις τὸν 4 ἀπὸ τοῦ 18 ἀφελεῖν, ἀφαιρῶ
μονάδα ἀπὸ τοῦ ἑπτάκις, καὶ λέγω· ἑπτάκις τὰ 2, 14. γράφω ὑπὸ τὸν 7, 7. λειπᾶ 3· ταῦτα προς-
τίθημι τῷ 8, καὶ γίνεται 28. καὶ λέγω· ἑπτάκις τὰ 4, 28· λειπᾶ 10·
ταῦτα γράφω ἔξωθεν τοῦ στίχου· ὑπὸ μὲν τὸν 9 οὐκ ἐτέθη τι σημεῖον,
ἀλλὰ μόνον εἶδεν· ἐπειδὴ μὴ ἀφῄρηται ἐξ αὐτοῦ ὁ ὕστερος τοῦ μικτοῦ ἀριθμὸς, ὡς πρῶτος λαμβάνεται, τουτέστιν ὁ 2· ἀλλ᾽ οὐδ᾽ ὑπὸ τὸν 8, τὸν ἐπὶ τῆς
δεξιᾶς λέγω χειρός, διὰ τὸν αὐτὸν λόγον ἐγράφη τι. Ἰστέον δὲ καὶ τοῦτο ὡς ὁπόταν ὁ ἀριθμὸς πρὸς
μοναδικὸν μερίζεται ἀριθμόν, ἀφαιρεῖν τὸν τοιοῦτον μοναδικὸν ἀπὸ τοῦ μείζονος δεῖ ὁσάκις ἂν ἐγχωρῇ. ἐπειδὰν δὲ πρὸς μικτόν, μηκέτι δεῖ ὁσάκις ἂν ἐγχωρῇ τὸν ὕστερον τοῦ μικτοῦ ἐς πρώτας λαμβά-

```
                          13 16 1
                          2  3 2  3
                          8  5 6 9 7 8    10
                          3  5 7 0 7
                          2  4
```

*) Les deux mss. portent τρεῖς au lieu de τρὶς.

(44)

Cela a lieu lorsque, après avoir retranché le chiffre suivant (du diviseur) du dernier chiffre (du dividende); on ne peut pas de même retrancher le précédent de l'avant-dernier.

Il est encore nécessaire de savoir ceci que ni le chiffre suivant et le chiffre précédent (du diviseur) ne sont jamais retranchés (dans cet ordre) du même chiffre (du dividende), ni le suivant du dernier chiffre (du dividende) et le précédent de celui qui est le troisième à partir du dernier; mais on doit toujours nécessairement, après avoir retranché le suivant du dernier, retrancher aussi le précédent de l'avant-dernier. Cependant le contraire de ce que nous venons de dire peut avoir lieu; premièrement lorsque évidemment d'un seul et même chiffre (du dividende) on a retranché (d'abord) le chiffre précédent et (ensuite) le chiffre suivant, comme dans l'exemple ci-dessus nous avons retranché du 25 trois fois le 4 et cinq fois le 2. Secondement lorsque le chiffre précédent est retranché d'un certain chiffre (du dividende), et le chiffre suivant de celui qui est le troisième à partir du dit chiffre (du dividende). C'est ainsi que dans l'exemple ci-contre le chiffre précédent est retranché une fois de l'avant-dernier chiffre (du dividende) *), et le suivant de celui qui est le troisième à partir de l'avant-dernier **), attendu que deux zéros, l'un à la suite de l'autre, sont placés au milieu. Car si vous placez sous le nombre dont vous retranchez le chiffre suivant du diviseur, le chiffre qui exprime combien de fois il en est retranché, il vous sera facile à voir où il faut placer zéro, c'est à dire 0, et où un ou deux ou

$$\begin{array}{r}6\\7\,1\,2\,7\,2\quad 59\\1\,0\,0\,3\\7\,1\end{array}$$

νεται ἀφαιρεῖσθαι. ἀλλ᾽ ἔστω ὅτι καὶ ἀφαιρεῖν δεῖ, καθὼς ἐν τῷ ἀνωτέρω ἐδείχθη διαγράμματι, ὅπερ τετράκις δυνάμενε τὰ 2 εἰπεῖν, τρὶς τὰ 2 εἴπομεν· γίνεται δὲ τοῦτο, ἐπειδὴ τοῦ ὑστέρου ἀπὸ τοῦ τελευταίου ἀφαιρεθέντος, μὴ καὶ ὁ πρότερος δύναται ἀπὸ τοῦ παρεσχάτου ἀφαιρεῖσθαι. Καὶ τοῦτο γὰρ εἰδέναι χρεών ὡς οὔτε ὁ ὕστερος καὶ ὁ πρότερος ἀπὸ τοῦ αὐτοῦ ἀριθμοῦ ποτε ἀφαιροῦνται, οὔτε ὁ μὲν ὕστερος ἀπὸ τοῦ ἐσχάτου, ὁ δὲ πρότερος ἀπὸ τοῦ τρίτου ἀπὸ τοῦ ἐσχάτου· ἀλλ᾽ ἀεὶ τοῦ ὑστέρου ἀφαιρουμένου ἀπὸ τοῦ ἐσχάτου, ἀνάγκη καὶ τὸν πρότερον ἀπὸ τοῦ παρεσχάτου ἀφαιρεῖσθαι· τὰ μέντοι τούτων ἐναντία γίνεσθαι πέφυκεν, ἵνα δηλοῦτι ἀπὸ τοῦ αὐτοῦ ἀριθμοῦ ὁ πρότερος ἀφαιρεθῇ καὶ ὁ ὕστερος· ὥσπερ ἐν τῷ προληφθέντι διαγράμματι ἀπὸ τοῦ κε τρὶς τε τὰ 4 ἀφείλομεν καὶ πεντάκις τὰ 2. καὶ ἔτι ἵνα ὁ μὲν πρότερος ἀπὸ τοῦδε ἀριθμοῦ ἀφαιρεθῇ, ὁ δὲ ὕστερος ἀπὸ τοῦ τρίτου ἐξ

$$\begin{array}{r}6\\7\,1\,2\,7\,2\quad 59\\1\,0\,0\,3\\7\,1\end{array}$$

ἐκείνου· καθὰ δὴ καὶ ἐν τῷ προκειμένῳ διαγράμματι ὁ μὲν πρότερος ἀφαιρεῖται ἅπαξ ἀπὸ τοῦ παρατελεύτου, ὁ δὲ ὕστερος ἀπὸ τοῦ τρίτου ἀπὸ τοῦ παρατελεύτου, ὅτε δύο τέσσαρα ἐφεξῆς διὰ μέσου πίπτουσιν· εἰ γὰρ ἔδειν ὑφ᾽ ἑκάστῃ τὴν ὕστερον ὑπ᾽ ἐκείνου τοῦδε τὴν ἀριθμὸν τὸ σημεῖον καθὰ ἀφαιρεῖται αὐτόθεν, ἔσται ὅτι φανερόν ποῦ τε χρὴ

---

*) C'est à dire 1 de 1.
**) C'est à dire 7 de 7, ou plus exactement trois fois 7 de 27.

plusieurs. Et nous disons qu'on place le chiffre sous le nombre qui n'est pas pris comme dizaine, mais comme unité. Comme dans l'exemple que l'on vient de proposer, puisque après le 7 se trouvent placés 13 et 7, que je ne peux pas retrancher du 2 le 7 même, c'est à dire le suivant, des deux chiffres par lesquels on divise, et que, en réunissant le [3] au 7 suivant, ce qui fait 27, on retranche ainsi trois fois le 7 du 27, et du 27 entier : je pose à cause de cela le 3 au-dessous du 7. Car ce n'est pas *) du 2 même qu'a été retranché trois fois le 7, mais du 27 entier. Pour cette raison donc je pose le 3 au-dessous du 7. Car s'il n'y avait pas le 7, le 2 ne pourrait pas devenir vingt.

Le zéro ne se place pas seulement au milieu, mais aussi au bout ; par bout j'entends ce qui est à notre droite. Car s'il reste deux espaces ou places au-dessous desquelles rien n'est écrit, écrivez zéro au-dessous de celle qui est à gauche, et n'écrivez rien au-dessous de celle qui est à droite. Mais s'il reste une seule place, n'écrivez rien au-dessous de cette place. **) Voici un exemple pour montrer comment le zéro se place au bout. Je dis donc : une fois le 2, 2 ; une fois le 7, 7. Ensuite je pourrais aussi dire : une fois le 2, 2. Mais comme je ne peux pas de même retrancher du 4 une fois le 7, je réunis le 2 au 4, je fais 24, et je dis : neuf fois le 2, 18 ; [il reste 6 que je réunis au 3, ce qui fait 63 ; de nouveau je dis : neuf fois le 7, 63 ; il reste 2. En réunissant cela] au 3 je fais 23. Je place cela aussi en dehors du rang proposé comme quantité fractionnaire ; car c'est plus petit que le

τιθέναι οὐδέν, ἔτει 0, καὶ τοῦ μέσω, ἢ δύο, ἢ καὶ πλείους· ὑπ᾽ ἐκείνου δὲ λέγομεν τίθεσθαι τὸν ἀριθμὸν τὸ σημεῖον, ὅπερ οὐχ᾽ ὡς δεκὰς λαμβάνεται, ἀλλ᾽ ὡς μονάς. εἴπερ ὡς ἐπὶ τοῦ προεκτεθέντος διαγράμματος μετὰ τὸ 7 καὶ 13 καὶ 7 κειμένων, ἐπεὶ μηδὲ αὐτὸ ἀφελεῖν τὸ 7, ἔτει τὸ ὕστερον τῶν δύο πρὸς οὓς ὁ μερισμὸς γίνεται, ἀπὸ τοῦ 2, καὶ ἐπαγομένων τῶν [3] τῷ ἑξῆς 7 καὶ γινομένων 27, καὶ οὕτω τρὶς τοῦ 7 ἀφαιρουμένου ἀπὸ τοῦ 27, καὶ ὅλου τοῦ 27· διὰ ταῦτα τίθεμι ὑπὸ τὸν 7 τὰ 3 ἐξηγμένου· οὐ γὰρ ἐξ αὐτοῦ τοῦ 2 ἀφῃρέθη τρὶς ὁ 7, ἀλλ᾽ ἀπὸ ὅλου τοῦ 27· διὰ ταῦτα τίθεμι ὑπὸ τὸν 7 τὰ 3 τέθεμαι· εἰ γὰρ μὴ ἦν τὰ 7, οὐκ ἠδύνατο τὰ 2 γενέσθαι εἴκοσιν. Οὐ μόνον δὲ περὶ τὰ μέσα τίθεται τὸ οὐδέν, ἀλλὰ καὶ ἐπὶ τοῦ τέλους· τέλος δὲ λέγω τὰ δεξιὰ ἡμῶν. ἂν μὲν γὰρ δύο τόποι ἔτει χῶραι καταλειφθῶσιν ὑφ᾽ ἃς οὐ γέγραπταί τι, ὑπὸ μὲν τὴν πρὸς τὴν ἀριστερὰν γράφε οὐδέν, ὑπὸ δὲ τὴν πρὸς τὴν δεξιὰν μηδέν· εἰ δ᾽ εἷς καταλιμπάνεται τόπος, μηδὲν ὑπ᾽ αὐτὴν τίθει. κείσθω δὲ παρέσχημα πῶς ἐπὶ τέλους γράφεται οὐδέν. λέγω γοῦν ἅπαξ τὰ 2, 2. ἅπαξ τὰ 7, 7. εἶτα ἐδυνάμην καὶ ἅπαξ τὰ 2, 2· ἀλλ᾽ ἐπεὶ οὐ δύναμαι καὶ ἀπὸ τοῦ 4 ἅπαξ ἀφελεῖν τὰ 7, * πάω τὸ 2 καὶ 4, καὶ λέγω· ἐννάκις τὰ

---

*) Les deux mss. portent εἰ γὰρ ἐξ αὐτοῦ τοῦ 2 κ. τ. λ. ; nous conjecturons qu'il faut lire οὐ γὰρ.
**) Nous n'avons pas besoin de faire remarquer combien cette règle, dans la forme sous laquelle Planude l'énonce, est peu générale.

27 par lequel on divise. Les places au-dessous du 5 et du 3 restant vides ; je pose à cause de cela seulement au-dessous de la place du 5 zéro, mais au-dessous de celle du 3 je n'écris rien.

```
    2
    6
272453  23
 10090
  27
```

2, 18. τῷ 3 πεσῶ 23. *) ἃ καὶ γράψω κατὰ στίχον ὡς λοιπά· πλάττοντα γάρ ἐστι τοῦ 27 πρὸς ἓν ἡ μεριστικὴ ἔγκειται· καὶ μένουσιν αἱ ὑπὸ τὴν 5 καὶ τὴν 3 χῶραι κεναί. διὰ τοῦτο τίθημι ὑπὸ μόνον τὴν τοῦ 5 χώραν οὐδέν, ὑπὸ δὲ τὴν τοῦ 3 οὐ γράφω τι—

```
    2
    6
272453  23
 10090
  27
```

De la comparaison des différens textes que l'on vient de lire, nous tirons les conclusions suivantes :

1.° La valeur de position est commune à tous ces systèmes; aussi bien à celui de l'Abacus et de Boëce qu'à celui des Indiens, soit dans la reproduction d'Alkhârizmi, soit dans celle de Léonard de Pise et de Planude. Mais le système de l'Abacus et de Boëce n'emploie que neuf chiffres, tandis que les autres en emploient dix.

2.° Dans le système de l'Abacus et de Boëce l'emploi du zéro est remplacé par un tableau à colonnes et des places vides *). C'est ce qui distingue principalement ce système de ceux empruntés aux Indiens.

3.° Ce que Léonard de Pise enseigne d'essentiellement nouveau à ses compatriotes **), ce sont les règles de la multiplication et de la division, conformes au fond à celles de Planude, mais étendues à des cas plus difficiles et exposées avec une clarté et une ampleur bien supérieures.

4.° Les méthodes de Léonard de Pise et de Planude paraissent indiquer par leur grande ressemblance que ces deux auteurs ont tiré leurs méthodes de sources peu différentes ou identiques; au contraire ces sources paraissent plus ou moins différentes de celles auxquelles puisa Alkhârizmi. De ce fait on pourrait conclure qu'un

---

*) Cet emploi d'un tableau à colonnes nous paraît une des raisons principales qui font qu'il ne se soit pas conservé plus de traces de ce système. Car bien que le système de l'Abacus, comme M. Chasles l'a prouvé, se pratiquât sur la table couverte de poudre, cela seul n'aurait pas empêché d'écrire aussi des nombres d'après ce système avec de l'encre sur du parchemin, par exemple lorsqu'il s'agissait de placer un millésime ou un numéro d'ordre dans le courant d'un texte quelconque. Mais il aurait toujours fallu commencer par encadrer les chiffres de leur tableau à colonnes (si le nombre contenait des places vides, nécessairement; si non, par habitude): cela rendait cette manière d'écrire les nombres incommode toutes les fois qu'il ne s'agissait pas d'exécuter des opérations de calcul numérique, et lui faisait préférer l'emploi des chiffres romains.

**) « Ut . . . gens latina de cetero, sicut hactenus, absque illa minime inveniatur. »

progrès de méthode a eu lieu chez les Indiens eux-mêmes *), mais nous nous abstenons de toute hypothèse, convaincu que les documents positifs seuls donnent les vraies solutions des questions historiques.

5.° D'après les méthodes de Léonard de Pise et de Planude les opérations arithmétiques sont exécutées d'une manière plus expéditive que d'après celles de l'Abacus et aussi celles d'Alkhârizmi; cette différence des procédés est très-sensible pour la multiplication **), mais aussi jusqu'à un certain degré pour la division, surtout si l'on a égard à la division avec différences employée dans le système de l'Abacus.***) Les méthodes de Léonard de Pise et de Planude exigent pour l'exécution un calculateur plus sûr et plus exercé ****); mais à cause de cela même elles devaient plaire à un calculateur tel que Léonard de Pise, et en même temps lui paraître propres à former de bons calculateurs. Pour toutes ces raisons il a dû les préférer aux méthodes de l'Abacus et de l'Algorisme, comme il le dit dans la préface du Liber Abbaci.

---

*) Il se peut aussi que la conquête de l'Inde par Mahmoud le Ghaznavide ait permis aux géomètres arabes (par l'intermédiaire desquels Fibonacci et probablement aussi Planude acquirent leurs connaissances des méthodes indiennes) d'étudier les sciences des Indiens bien plus complètement que cela ne leur était possible par les communications qui avaient lieu du temps d'Almançoûr et d'Almâmoûn.

**) La méthode de multiplication attribuée aux Indiens par Léonard de Pise et Planude est mentionnée aussi dans la note dont Colebrooke accompagne les paragraphes 14 et 15, Chap. II, Sect. II du Lilavati. *Algebra with arithmetic and mensuration etc.*, Pag. 6, lig. 29 à 36: « The tatst'Aa, so named because the multiplier is stationary, appears from GANESA's gloss to be cross multiplication. » « After setting the multiplier under the multiplicand, » « he directs to » « multiply unit by unit, and note the result underneath. Then, as in cross multiplication, multiply unit by ten, and ten by unit, add together, and set down the sum in a line with the foregoing result. Next multiply unit by hundred, and hundred by unit, and ten by ten; add together, and set down the result as before: and so on, with the rest of the digits. This being done, the line of results is the product of the multiplication. » « The commentator considers this method as » « difficult, and not to be learnt by dull scholars without oral instruction ».

***) Notons encore que l'exposé des règles de la division d'après le système de l'Abacus que l'on trouve dans les extraits ci-dessus, est comparativement d'une clarté toute particulière. Les règles de Gerbert, par exemple, eussent été, sans commentaire, parfaitement inintelligibles. Voici le jugement de M. Chasles sur ces règles de Gerbert (*Compt. rend., séance du 6 févr.* 1843, pag. 235, lig. 16 à 21): « Il est essentiel de remarquer que ces règles n'appartiennent point à Gerbert; ce sont celles que décrit Boèce, à peu près dans les mêmes termes. Gerbert n'a fait autre chose que de les présenter d'une manière un peu moins laconique. On conçoit, qu'avec un tel système de méthodes différentes dans chaque cas particulier, l'arithmétique pratique était une science compliquée et subtile qui pouvait servir à exercer la sagacité des plus habiles mathématiciens. Ces méthodes ont formé probablement, au X.° siècle, et peut-être chez les Romains, au temps de Boèce, les plus savantes spéculations des géomètres. »

****) Il y aurait encore une foule de différences à signaler dans les particularités de ces diverses méthodes; mais nous pensons que les lecteurs s'en rendront compte, aussi bien que nous, en examinant les extraits ci-dessus, et qu'une énumération détaillée de toutes ces différences servirait plutôt à obscurcir qu'à éclaircir l'objet de ces recherches.

Nous venons de voir le parti qu'on peut tirer de la traduction latine du traité d'Alkhârizmi, publiée par le Prince Boncompagni, pour la solution d'une des questions les plus intéressantes de l'histoire de l'arithmétique. Nous terminerons cette notice en tâchant de montrer combien cette publication contribue à éclaircir un autre point non moins important de l'histoire des sciences. Nous voulons parler des communications entre les Arabes et les Indiens qui eurent lieu dans la dernière moitié du VIII.ᵉ siècle et dont l'influence sur la science arabe se fait sentir encore au IX.ᵉ siècle.

Ce sont deux passages du Târikh al-Hoqamâ *), très-connus et bien souvent cités et discutés, qui mentionnent ces communications d'une manière explicite. Dans ces passages il est dit en termes très-précis:

1.° Que des tables astronomiques indiennes furent apportées à la cour d'Almançoûr en 155 de l'hégire (772 à 773 de notre ère), que ces tables furent traduites en arabe par Mohammed Ben Ibrâhim Alfazârî, que cette traduction fut connue sous le nom du *grand Sindhind*, et que Mohammed Ben Moûçâ Alkhârizmi en fit un abrégé, dans lequel cependant il remplaça en certains points les données des tables indiennes par d'autres, empruntées aux Persans et à Ptolémée.

2.° Que les Arabes reçurent de l'Inde (entre autres) un traité de calcul numérique, reproduit sous une forme plus développée par Mohammed Ben Moûçâ Alkhârizmi, très-propre à l'enseignement, et donnant une haute idée des Indiens qui en étaient les auteurs.

Cependant ces témoignages pouvaient paraître insuffisans, et l'on regrettait que rien ne nous apprît d'une manière nette et positive en quoi consistaient les connaissances mathématiques transmises par les Indiens aux Arabes.

Ce désir d'une information plus ample et plus détaillée sur les matières en question a été satisfait d'abord en ce qui concerne les tables astronomiques. M. Chasles a découvert une traduction latine des tables d'Alkhârizmi faite au XII.ᵉ siècle par Adélard de Bath; il s'est livré à un examen approfondi de cet ouvrage, et a fait connaître plusieurs résultats fort intéressants de cet examen dans une communication à l'Académie des sciences **); nous devons seulement regretter de ne pas posséder encore l'édition de ces tables accompagnée de commentaires, que l'illustre géomètre promit à cette occasion de donner au monde savant.

La publication du traité intitulé *Algoritmi de numero Indorum* ***), par le Prince

---

*) Voir *Casiri*, T. I, pag. 426 à 429.
**) Voir *Comptes rendus*, séance du 2 novembre 1846.
***) Voici une analyse sommaire du contenu de cet ouvrage:
Introduction, pag. 1, lig. 5.

Boncompagni vient maintenant de fournir la preuve la plus concluante de l'exactitude du témoignage du Tàrikh al-Hoqamâ relativement au second point dont il s'agit, c'est à dire à la théorie du calcul numérique communiquée par les Indiens aux Arabes.

Il ne sera pas inutile de corroborer cette assertion par la citation des passages suivants extraits de la publication du Prince Boncompagni.

1.

« Dixit algoritmi : laudes deo rectori nostro atque defensori dicamus dignas, que et debitum ei reddant, et augendo multiplicent laudem, deprecemurque eum ut nos dirigat in semita rectitudinis et ducat in uiam ueritatis, et ut auxilietur nobis super bona uoluntate in his que decreuimus exponere ac patefacere de numero *indorum* per .IX. literas, quibus exposuerunt uniuersum numerum suum causa leuitatis atque abreuiationis, ut hoc opus scilicet reddretur leuius querenti arithmeticam, idest numerum tam maximum quam exiguum, et quicquid in eo est ex multiplicatione et diuisione, collectione quoque ac dispersione et cetera. »

« Dixit algoritmi : Cum uidissem *yndos* constituisse .IX. literas in uniuerso numero suo, propter dispositionem suam quam posuerunt, uolui patefacere de opere quod fit per eas aliquid quod esset leuius discentibus, si deus uoluerit. Si autem *indi* hoc uoluerunt, et intentio eorum in his .IX. literis fuit causa que mihi patuit, deus direxit me ad hoc. » *)

Principes de la numération, pag. 1, lig. 23.
Exemple : .. 1807030511492863.
Addition, pag. 7, lig. dernière.
Soustraction, pag. 8, lig. 25.
Exemples :   6422 — 3211, 1111 — 111.
Médiation, pag. 10, lig. 4.
Duplation, ibid., lig. 16.
Multiplication, ibid., lig. 20.
Exemple : 2326 × 214.
Preuve par 9, pag. 12, lig. 21.
Division, pag. 13, lig. 12.
Exemples : 46468 : 324, 1800 : 9.
Multiplication des fractions sexagésimales, pag. 17, lig. 19.
Exemples : $2' \times 2'$, $3' \times 6'''$, $6' \times 7'$, $7'' \times 9'$, $1\frac{1}{2} \times 1\frac{1}{2} = 90' \times 90'$, $2' 45' \times 3' 10' 30''$.
Division des fractions sexagésimales, pag. 20, lig. 3.
Exemples : $15''' : 6'''$, $10' : 5'$, $10' : 5'''$.
Manière d'écrire les fractions sexagésimales, pag. 21, lig. 21.
Addition des fractions sexagésimales, pag. 22, lig. 1.
Soustraction des fractions sexagésimales, ibid., lig. 6.
Duplation des fractions sexagésimales, ibid., lig. 20.
Médiation des fractions sexagésimales, ibid., lig. 24.
Multiplication des fractions ordinaires, ibid., lig. 27.
Exemples : $\frac{3}{7} \times \frac{5}{7}$, $3\frac{1}{2} \times 8\frac{3}{11}$.

*) Trattati d'Aritmetica pubblicati da Baldassarre Boncompagni, socio ordinario dell'acca-

2.

« Et inueni quod operati sunt *yndi* ex his differentiis. Quarum prima est differentia unitatum, in qua duplicatur et triplicatur quicquid est inter unum et .IX. Secunda differentia decenorum, in qua duplicatur uel triplicatur quicquid est a .X. in nonaginta. Tercia differentia centenorum, in qua duplicatur uel triplicatur quicquid est a .C. in .DCCCC. Quarta uero est differentia milium, in qua duplicatur ac triplicatur quicquid est a mille in .IX. M. Quinta differentia est .$\overline{X}$. hoc modo: quocienscumque ascenderit numerus, adduntur differentie : erit dispositio numeri ita: Omne unum quod fuerit in superiora differentia, erit in inferiori que est ante ipsam .X.; et quod fuerit .X. inferiori, erit unum in superiori que precedit eam; et erit inicium differentiarum in dextera scriptoris : et hec erit prima earum, et ipsa posita est unitatibus. » *)

3.

« Cum uellemus multiplicare duo milia tercentos .XXVI. in .CCX. IIII^{or}, posuimus duo milia tercentos .XXVI. per *indas* literas in IIII^{or} differentiis; fueruntque in prima differentia, que est in dextera, .VI. ; et in secunda duo, qui sunt .XX.; et in tercia tres, qui sunt tercenti; et in quarta duo, qui sunt duo milia. » **)

4.

« Scito quod fraciones appellentur multis nominibus innumerabilibus atque infinitis, ut medietas, tercia, quarta, nona et decima, et una pars ex .XIII., et pars ex .X. VIII., et cetera. Set *indi* posuerunt exitum ***) partium suarum ex sexaginta: diuiserunt enim unum in .LX. partes, quas nominauerunt minuta. Iterum unum quodque minutum in .LX. partes, quas uocauerunt secunda; eritque unum ex .LX. minutum, et unum ex tribus milibus et sexcentis erit secundum; et unum quodque secundum iterum diuiditur in .LX., eritque unum ex ducentis milibus et XVI. milibus tercium; et unum quodque tercium diuiditur in LX. quarta, et ita usque ad infinitum erunt differentie. » ****)

5.

« Et similiter facies de uniuersis fractionibus; reddes scilicet unamquamque ex

---

demia pontificia de'nuoci Lincei, e socio corrispondente dell' accademia reale delle scienze di Torino, della reale accademia delle scienze di Napoli, e della pontificia accademia delle scienze dell' Istituto di Bologna. I. ALGORITMI DE NUMERO INDORUM. Roma. 1857. Pag. 1, lig. 5 à 21.

*) Ibid., pag. 3, lig. 6 à 19.
**) Ibid., pag. 10, lig. 32 à pag. 11, lig. 4.
***) Le mot *exitus* est évidemment la traduction de *makhradj*, qui est le terme technique employé par les arithméticiens arabes pour désigner le dénominateur d'une fraction.
****) Ibid., pag. 17, lig. 23 à pag. 18, lig. 1.

eis quam uolueris multiplicare in aliam inferiorem differentiam que fuerit in unaquaque ex eis. Post hec multiplica unam earum in aliam; et serua quod exierit; et uide ex qua differentiarum sit: deinde diuide per .LX. quemadmodum dixi tibi, ut erigas eas ad gradus, uel ergo peruenerint ex differentiis que sunt infra gradus, et quod fuerit, ipsum erit quod exiuit tibi de multiplicacione unius earum in aliam: et est ei alius modus breuior : set hic ordo est, quo usi sunt *indi*, super quem figurare numerum suum. » *)

C'est donc à présent une vérité bien établie, que le système de numération et l'arithmétique des Indiens furent introduits chez les Arabes par Mohammed Ben Moûçâ Alkhârizmî. Cela posé, on devra tâcher de déterminer, combien il fallut de temps à la nouvelle manière de figurer les nombres et de calculer, pour devenir d'un usage général parmi les Arabes, pour être employée soit universellement, soit au moins par les mathématiciens et par les commerçants. On désirera surtout connaitre la forme des chiffres indiens adoptés par les Arabes à l'époque la plus reculée où nous puissions les trouver dans des manuscrits arabes.

A cet égard une note publiée dans les « Annali di Scienze matematiche e fisiche, compilati da Barnaba Tortolini », Tome VI, pag. 321 à 323, offrira peut-être un certain intérêt. Des données qu'on fait connaitre dans cette note, il résulte qu'au commencement de la seconde moitié du X.ᵉ siècle de notre ère, des géomètres arabes de l'Orient (particulièrement à Chirâz) se servaient déjà des chiffres indiens avec valeur de position et emploi d'un signe pour zéro; et que, sans employer ces chiffres exclusivement, on parait alors en avoir fait usage surtout pour écrire de grands nombres. On trouve dans la même note la forme qu'on donnait au zéro et aux neuf chiffres à l'époque et à l'endroit indiqués.

Un passage connu de l'autobiographie d'Avicenne parait également prouver que l'emploi des méthodes indiennes était déjà assez répandu vers la fin du X.ᵉ siècle de notre ère, **) du moins dans le Mâwerânnahr, parmi les personnes qui s'occupaient d'affaires et de commerce. Cette autobiographie d'Avicenne est reproduite plus ou moins incomplètement dans l'Histoire des dynasties d'Aboûlfaradj ***), et dans le Catalogue de Casiri ; ****) et précisément le passage qui nous intéresse

---

*) *Ibid.*, pag. 19, lig. 25 à pag. 20, lig. 2.
**) Avicenne naquit au mois de safar de l'an 370 de l'hégire (16 août à 13 septembre 980 de notre ère), et mourut au mois de ramadhân de l'an 428 de l'hégire (13 juin à 17 juillet 1037 de notre ère).
***) HISTORIA COMPENDIOSA DYNASTIARUM *authore* GREGORIO ABUL-PHARAJIO, *etc. Arabice edita, et Latine versa, ab* EDUARDO POCOCKIO *etc. Oxoniae*, 1663. 4.° Pag. 229 de la traduction latine, lig. 25 et suiv. Pag. 349 du texte arabe, lig. 3 et suiv.
****) Tome I, pag. 268 à 272.

ici, manque entièrement dans le second des deux ouvrages que nous venons de citer, et est tronqué, dans le premier, d'une partie qui n'est pas sans importance. *) Nous allons donc donner le passage en question d'après les Mss. 612 et 673, supplément arabe de la Bibliothèque Impériale de Paris, contenant le premier, un abrégé du Tàrikh-Alhoqamà, dont l'auteur s'appelait Alzoûzeni; le second, les biographies des médecins d'Ibn Abi Oçaïbiah.

D'après le récit d'Avicenne son père était originaire de Balkh, prit dans la suite domicile à Bokhârà sous le règne de Noûh Ben Mançoûr, fut nommé par celui-ci préfet ou percepteur d'impôts de la ville de Kharmaïthan, et retourna plus tard à Bokhârà, où il fit donner à son fils une éducation soignée. Ayant mentionné que son père et son frère avaient adopté les opinions des Ismaéliens sur l'âme et sur l'intelligence, Avicenne continue en ces termes :

« Ils se communiquaient souvent ces doctrines, pendant que j'assistais à leur
» conversation; j'entendais ce qu'ils disaient, mais mon âme ne pouvait l'accepter.
» Ils m'invitèrent cependant à prendre part à leurs entretiens : et les questions de
» philosophie, de géométrie et de calcul indien étaient couramment discutées par
» eux. Mon père commença aussi **) à m'envoyer chez un marchand de légumes ***)
» qui était très-versé dans le calcul indien, afin que je l'apprisse de lui. »

Il paraît d'un autre côté que l'emploi des chiffres indiens ne devint pas universel chez les Arabes, mais resta pendant longtemps, si non pendant toujours, restreint entre certaines limites.

Ainsi il existe un ouvrage d'Aboûl Wafâ Alboûzdjâni ****) composé de sept livres ou stations, et traitant des connaissances nécessaires aux receveurs d'impôts

---

*) Ce passage ne se trouve pas non plus dans l'ouvrage d'Ibn Khallikàn. Comparer Ibn Khallikan's biographical Dictionary *translated from the arabic by* B⁰. Mac Guckin de Slane. Paris. 1842. 4°. Vol. I, pag. 440 à 446.

**) Des circonstances racontées dans les parties du texte qui précèdent et qui suivent ce passage, il paraît résulter que cela eut lieu peu de temps après qu'Avicenne eût atteint sa dixième année.

***) Il n'est pas sans intérêt de savoir exactement quelle espèce de commerce ou de métier faisait l'homme qui enseigna à Avicenne l'arithmétique indienne. Les textes arabes portent : « un homme qui vendait du bakl (ou baklah) », et Pococke traduit : « olitor ». Mais pour éclaircir davantage ce point nous croyons utile de citer les passages suivants du dictionnaire de Freytag : *Bakl* = herba ex semine nata, olus. *Baklah* = herba quae progerminat ex semine, non ex radice firma, olus, speciatim portulaca. Suivent les noms arabes de différentes espèces de légumes et d'autres plantes, composés du mot *baklah* et d'un autre mot spécificatif. *Bakkâl* = olitor, qui olera vendit ; eduliorum venditor, idiomate vulgi pro *baddâl* sc. qui legumina, uvas passas, dactylos etc., et butyrum, oleum, mel et similia vendit, hodieque *bakdl* in Mauritania dicitur; etiam in genere : tabernarius, qui tabernam habet. — Dans le dictionnaire de Johnson (édition de 1852) l'article *bakkâl* est conçu comme il suit: *Bakkâl* = (ircorrectly for *baddâl*) a vender of provisions in general; a green-grocer. Dans l'édition de 1806 du même dictionnaire, on lit : *Bakkâl* = an oil merchant, a grocer, a vender of oils, pickles, honey, grapes, pulse and other things of that kind; also a shopkeeper in general.

****) Né le 10 juin 940 et mort le 1ᵉʳ. juillet 998 de notre ère.

et aux gens de bureau et d'affaires. Les deux premiers livres forment un traité complet d'arithmétique pratique. On y trouve une théorie fort développée des fractions, de la conversion des nombres entiers et des fractions en quantités sexagènes et sexagésimales, de la multiplication et de la division des nombres entiers et des fractions.*) Il y aurait là sans cesse et tout naturellement l'occasion de faire usage des chiffres; et cependant le ms. 103 legs Warnérien de la Bibliothèque de Leyde (1015 du catalogue de 1716) qui contient la première partie de l'ouvrage d'Aboûl Wafâ, et que nous avons examiné, ne présente pas un seul chiffre dans le texte des deux stations dont nous venons de parler. Quoique des pages entières soient remplies presque exclusivement de nombres, de leurs rapports, d'espèces de tableaux pour convertir les fractions en parties sexagésimales etc., tous ces nombres sont exprimés tout au long par des numératifs.

Il en est de même d'un ouvrage très-semblable, par son but et par les matières qu'il renferme, au traité d'Aboûl Wafâ, et qui est contenu dans le Ms. 1106, ancien fonds de la Bibliothèque Impériale de Paris. Cet ouvrage est intitulé *Qitâb al hâwî*, c'est-à-dire le *Recueil*, **) et traite de tout ce qui concerne les poids et mesures, les monnaies, les prix des marchandises, les opérations mercantiles, les impôts etc., puis de la mesure des figures planes et solides, de la mesure des distances, des nivellements, de la théorie des rapports, de l'algèbre etc. L'auteur cite Aboûl Wafâ et Alkarkhi ***) (qui vécut environ en 1000 de notre ère), et la copie du manuscrit a été terminée le 19 rabia second de l'an 734 de l'hégire (23 décembre 1333 de notre ère). Dans ce manuscrit, très-volumineux et rempli d'exemples de calculs numériques, nous n'avons pas remarqué un seul chiffre; les nombres qu'on y rencontre naturellement en grande quantité, sont tous exprimés par les numératifs.

Nous avons encore observé cette absence complète de chiffres dans un traité d'arithmétique pratique, intitulé : *Al-lom'a fî 'ilm al-hiçâb* (« Rayons brillants sur la science du calcul »), composé par Chehâb Eddin Ahmed Ben Mohammed Ben Ali connu sous le nom d'Ibn Alhâim, et contenu dans le Ms. 1942, supplément arabe de la Bibliothèque Impériale de Paris, dont il occupe 16 feuillets. L'auteur de ce traité mourut, d'après Hadji Khalfa ****), en 887 de l'hégire (20 février 1482 à 8 février 1483 de notre ère), et la copie que nous citons, est datée du 20 rabia second 1105 de l'hégire (19 décembre 1693 de notre ère). Il résulte de là qu'à une

---

*) Une courte analyse de l'ouvrage entier a été donnée dans le cahier de Février — Mars 1853 du Journal asiatique, pages 216 à 251.
**) Littéralement : liber continentis.
***) Le ms. 1106 écrit « Alkardji ». Comparer *Hadji Khalfa*, éd. de Fluegel, Tome VII, pag. 1070 N.° 2636.
****) Édition de Fluegel, Tome III, pag. 13. Tome V, pag. 331.

(54)

époque aussi moderne l'habitude de se servir des chiffres indiens n'était pas encore assez répandue chez les Arabes, pour que l'auteur d'un traité fort estimé sur le calcul élémentaire n'ait pu s'abstenir d'en faire usage dans ce traité même, où l'on croirait que leur emploi était presque indispensable. *)

Enfin nous avons remarqué, dans la préface d'un traité de Mohammed Sibth Almâridîni **) sur le calcul sexagésimal, un passage qui dit que les chiffres indiens n'ont pas été employés par les Arabes dans les tables astronomiques, mais qu'on leur a préféré les lettres numérales, à cause de la brièveté plus grande qu'elles offrent, lorsqu'il s'agit d'écrire des nombres sexagésimaux. ***) Or, dans cette préface l'auteur cite le mathématicien Aboû Abbâs Chehâb Eddîn Ahmed Ben Almadjdi le châféite, en accompagnant son nom des mots, « que Dieu soit miséricordieux envers lui »; cela indique que ce traité fut écrit après la mort de Chehâb Eddîn, arrivée, d'après Hadji Khalfa, ****) en 859 de l'hégire (29 mars 1446 à 18 mars 1447 de notre ère). D'un autre côté Mohammed Sibth Almâridîni mourut en 934 de l'hégire, *****) (27 septembre 1527 à 14 septembre 1528 de notre ère). Par conséquent Mohammed Sibth Almâridîni composa probablement son traité sur le calcul sexagésimal dans la se-

---

*) Ainsi, par exemple, la manière d'effectuer les multiplications 13×13, 23×23, 13×23, $(2\frac{1}{4}) \times (3\frac{1}{4})$, $(2\frac{1}{4}) \times (\frac{1}{2} + \frac{1}{3})$ etc., et les divisions $2670 : 21$, $257 : 36$, $(5\frac{1}{4}) : 3$, $(3\frac{1}{4}) : (2\frac{1}{4})$, $(3\frac{1}{4}) : (\frac{1}{2} + \frac{1}{3})$ etc., est décrite dans des exposés parlés, et les nombres qui se présentent dans ces exposés, sont rendus par les numératifs.

**) Le nom complet de cet auteur est: Bedr Eddîn Aboû Abdallah Mohammed Ben Mohammed Ben Ahmed Almiçri Sibth Almâridîni.

***) Le texte de ce traité se trouve dans deux mss. de la Bibliothèque Impériale de Paris, dont l'un est le N.° 1904 suppl. arabe, et l'autre un manuscrit tout récemment acquis, qui n'est encore ni côté, ni compris dans le catalogue manuscrit du Supplément arabe rédigé par M. Reinaud. — Nous donnons à la fin de la présente notice (voir Addition II) une traduction de cette préface entière, qui renferme plusieurs détails fort intéressants pour l'histoire de l'arithmétique pratique chez les Arabes. Nous y puisons notamment une connaissance précise de la signification que le terme *nocud* a chez les arithméticiens arabes, et nous y signalons pareillement un passage relatif au terme technique *ouss* ou *ass*.

****) Édition de Fluegel, Tome III, pag. 233. Tome V, pag. 205.

*****) BIBLIOTHECAE BODLEIANAE CODICUM MANUSCRIPTORUM ORIENTALIUM CATALOGI *partis secundae volumen secundum arabicos complectens confecit* ALEXANDER NICOLL, I. C. D. etc., *edidit et Catalogum Urianum aliquatenus emendavit* E. B. PUSEY *etc. Oxonii, e typographeo academico.* 1835. Fol. Pag. 515, col. 2, lig. 12 en remontant. — Hadji Khalfa (éd. de Fluegel, vol. V, pag. 407) donne comme date de la mort l'année 809 de l'hégire; mais cette date ne s'accorde pas avec la circonstance qu'Ahmed Ibn Almadjdi, cité par Mohammed Sibth Almâridîni de la manière que nous venons de dire, ne mourut qu'en 859 de l'hégire; et moins encore avec un autre passage de Hadji Khalfa (éd. de Fluegel, vol. IV, pag. 511) d'après lequel Mohammed Sibth Almâridîni vécut en 901 de l'hégire. Il est vrai qu'il y a plusieurs auteurs arabes appelés Almâridîni et Sibth Almâridîni; mais Fluegel, à en juger par sa table des noms d'auteurs, considère comme un seul et même personnage les deux géomètres dont il est question dans les deux passages de Hadji Khalfa que nous venons de citer. — Dans l'un des deux mss. de la Bibliothèque Impériale ci-dessus cités on trouve comme date de l'achèvement de la copie du traité de Mohammed Sibth Almâridîni, la fin du ramalhân de l'an 953 de l'hégire (24 novembre 1546 de notre ère).

conde moitié du XVe. ou dans la première moitié du XVIe. siècle de notre ère. C'est l'époque des dernières lueurs que jette la science arabe avant de s'éteindre complètement. On pourra donc dire en général que les Arabes n'ont pas employé les chiffres indiens dans les tables astronomiques, sauf peut-être quelques exceptions, comme on en trouve toujours en pareille matière, et comme il en existera probablement aussi dans le cas actuel.

L'ensemble des données recueillies aux sources mêmes, et que nous venons de faire connaître, nous semble propre à jeter quelque lumière sur le développement qu'a pris chez les Arabes l'emploi pratique des chiffres indiens. En même temps la note publiée dans les Annales de M. Tortolini et citée ci-dessus, renferme quelques indications sur la forme des chiffres employés par les Arabes de l'Orient à une époque déterminée et assez reculée.

C'est ici le lieu de faire observer qu'il faut distinguer ces chiffres d'avec ceux qui étaient employés par les Arabes de l'Occident. L'examen de divers manuscrits maghrebins a d'abord éveillé notre attention à ce sujet, et nous a conduit à penser que les chiffres indiens se répandirent principalement chez les Arabes de l'Orient, tandis que les Arabes de l'Occident se servaient des chiffres connus sous le nom des chiffres *gobâr*. Mais c'est dans un passage du Catalogue des manuscrits orientaux de la Bibliothèque Bodléienne que nous avons trouvé la confirmation explicite de cette opinion. Voici ce passage : *)

« Shehabeddinus supra laudatus tradit (cod. . . .), figuras numerales *Gobariia*
» dictas maxime apud Occidentales usurpari, ea: . ro quae vocantur *figurae In-*
» *dicae* apud Orientales. »

En rapprochant ce témoignage rendu par un auteur arabe, du passage de Boèce sur l'Abacus pythagorique, et des conséquences qu'on doit en tirer, en ayant égard surtout à la grande ressemblance entre les chiffres *gobâr* et les *apices* de Boèce tels qu'on les trouve dans les manuscrits mentionnés au commencement de cette notice, **) on est conduit à considérer comme vraisemblable, que les chiffres *gobâr* ont leur origine dans les chiffres que les Arabes, en étendant leurs conquêtes dans le Maghreb, rencontrèrent chez les Latins. Les Arabes pouvaient adopter ces chiffres dans l'Occident, comme ils avaient adopté en Orient le chiffre copte, dans lequel on reconnaît facilement l'alphabet numéral grec que les conquérants musulmans trouvèrent en usage dans l'administration financière de la Syrie et de l'Egypte ; ***) et comme ils adoptèrent ensuite, également en Orient, les chiffres indiens.

---

*) Tome II, page 287, note a.
**) Page 12.
***) Théophanes (voir S. P. N. Theophanis Chronographia, Parisiis M. DC. LV. fol., pag. 314)

La probabilité de cette opinion s'accroît encore par une circonstance que nous devons mentionner ici. C'est que d'une part le système de l'Abacus se pratiquait, comme M. Chasles l'a prouvé *), sur la table couverte de poudre; et d'autre part non seulement le nom *gobâr* qui sert à désigner les chiffres en usage chez les Arabes occidentaux, signifie *poudre*, mais il nous a été conservé des témoignages d'auteurs arabes, disant que la science du calcul dans lequel on emploie ces chiffres, a été appelée la science du *gobâr*, parce que ses inventeurs avaient originairement fait usage d'une table couverte de poudre pour y écrire les chiffres. **)

Nous l'avons déjà dit, et nous le répétons: rien n'est plus éloigné de notre manière d'envisager les problèmes historiques que de vouloir les résoudre par des conjectures. Les réflexions qui précèdent, n'ont donc nullement pour but d'anticiper une solution qui devra être le résultat de recherches ultérieures. Mais nous avons cru pouvoir signaler ici un point de vue nouveau qui contribuera peut-être à éclaircir la question à laquelle nous venons de toucher. ***)

---

raconte sous l'année 699 de J. C., que le khalife Walid, en défendant de tenir en langue grecque les registres du trésor public, et en ordonnant qu'ils fussent rédigés en langue arabe, fit cependant une exception pour les signes de numération, parce qu'il était impossible d'écrire en arabe un, ou deux, ou trois, ou huit et demi, etc. En effet, on ne trouve nulle part dans des manuscrits arabes des fractions exprimées au moyen des lettres numérales; mais il paraîtrait d'après ce passage de Théophanes qu'à la fin du VIIIe. siècle de notre ère les Arabes n'avaient pas encore fait usage non plus des lettres de leur alphabet pour exprimer les nombres entiers. M. de Sacy conjecture (*Gramm. ar.* 2.e éd. T. I., pag. 99, note 2) que les six dernières lettres de l'*aboudjed* n'ont été employées à désigner les nombres centenaires supérieurs à 400 et le nombre millénaire que dans le Ve. siècle de l'hégire au plutôt. Mais nous pensons que cette limite doit être reculée au moins d'un demi-siècle. En effet nous avons trouvé ces six lettres employées de la manière dont il s'agit, dans deux tableaux de triangles rectangles en nombres entiers, qui occupent le verso du feuillet 92 du ms. 952 bis, suppl. arabe de la Bibliothèque Impériale de Paris (numéro du Catalogue rédigé par M. Reinaud); et il résulte de nombreux postscriptum contenant des dates de copie de divers morceaux renfermés dans ce ms., que du moins les 192 premiers feuillets du ms. ont été écrits pendant les années 358 à 361 de l'hégire (969 à 972 de notre ère). Nous avons donné une description détaillée du manuscrit que nous venons de citer, dans un mémoire intitulé: *Essai d'une restitution de travaux perdus d'Apollonius sur les quantités irrationnelles* (publié dans le Tome XIV des Mémoires présentés par divers savants à l'Académie des Sciences). Paris. 1856. Pages 6 à 11 du tirage à part.

*) *Développements et détails historiques sur divers points du système de l'Abacus*, §. XI.
**) *Bibl. Bodlej. Codd. Mss. orientall. Catalogi.* T. II, p. 287, note a. « Vocatur autem *Scientia Algobar*, quod qui eam primus invenerit, quando quaestionem Arithmeticam solvere institueret, pulverem ponerel in superficie tabulae, in eaque delinearet figuras numerorum, etc. » Et plus loin: « Vocatur *Algobar*, quod inventor ejus (scientiae) pulverem in tabulam spargere, in eaque figuras effingere soleret ». — Nous n'ignorons pas du reste que les Indiens de leur côté pratiquaient également leur arithmétique sur un tableau couvert de poussière de pipe, ou d'un sable fin. (Voir: *Delambre, Histoire de l'astronomie ancienne*, Tome I, pag. 540; et *Reinaud, Mémoire sur l'Inde*, pages dernière et avant-dernière, contenant une addition à la page 299.) Et dans l'addition au Mémoire sur l'Inde que nous venons de citer, M. Reinaud reproduit un passage d'un arithméticien qui écrivit vers 950 de notre ère, probablement à Kaïrowân, dans lequel le calcul indien est complètement identifié avec le calcul *gobâr* ou calcul de poussière.

***) Le point le plus important pour cette question est de savoir si le passage de la Géométrie de

(57)

Les mathématiques arabes durent à Mohammed Ben Moûçà Alkhârizmi trois ouvrages importants : des tables astronomiques, un traité d'arithmétique pratique, et un traité d'algèbre. Nous avons vu que les deux premiers de ces travaux ne sont en réalité que des ouvrages indiens refondus. Ce fait, bien constaté maintenant, doit nous faire pencher pour l'opinion que Mohammed Ben Moûçà fut aussi plus ou moins redevable de la matière de son traité d'algèbre à quelque source indienne *), d'autant plus qu'aucun fait historique connu jusqu'à présent ne prouve que les Arabes aient eu connaissance de traités grecs d'algèbre antérieurement au temps d'Aboûl Wafà Alboûzdjâni. **) Voilà à notre avis tout ce qu'on peut, dans l'état actuel de nos connaissances, dire de positif sur la question : si les Arabes ont dû leurs premières connaissances algébriques aux Grecs ou aux Indiens. Il s'agit ici en effet des commencements de l'algèbre chez les Arabes, car les bibliographes arabes sont unanimes à déclarer que Mohammed Ben Moûçà fut le premier mahométan qui écrivit sur l'algèbre.

Mais cette question fût-elle résolue, il resterait encore celle de l'origine de l'algèbre indienne elle-même.

Nous trouvons des systèmes d'astronomie très-développés chez les Grecs et chez les Indiens; les uns et les autres ont fait en algèbre des progrès fort remarquables; enfin, pendant que les Indiens communiquent aux Arabes, au huitième siècle de notre ère, leur système d'arithmétique et l'usage des neuf chiffres avec valeur de

---

Boëce rapporté plus haut (pages 9 à 11) appartient réellement à cet auteur. Nous n'avons jusqu'à présent aucune raison décisive de pencher pour la négative, quoique la très-grande ressemblance de ce texte avec les termes dans lesquels s'exprime Gerbert dans sa lettre à Constantin, puisse faire naître quelques doutes à cet égard. Mais on peut aussi bien concevoir que Gerbert, en écrivant cette lettre, n'ait voulu faire qu'une sorte de paraphrase du texte le plus important sur la matière dont il s'agissait. M. Boeckh, en approuvant complètement l'explication du passage de Boëce donnée par M. Chasles, a reconnu implicitement que ce passage n'est pas une interpolation, et que l'ouvrage dont il fait partie a bien Boëce pour auteur. Nous pensons devoir nous incliner avec confiance devant une si haute autorité philologique. — Nous avons de même dû préférer, comme document historique, la version sobre, claire et précise que Richer donne de l'histoire de Gerbert, au récit fantastique de Guillaume de Malmesbury; mais nous ne nous cachons pas que, quand même Gerbert eût réellement fait des études chez les Arabes d'Espagne, Richer eût pu croire utile de taire que son ami et maître, la gloire de l'école de Reims, dont lui, Richer, faisait partie, et le chef suprême de l'Église, avait puisé une partie des connaissances qui l'avaient tant illustré, dans l'enseignement des infidèles et des ennemis les plus acharnés de l'Église et du monde chrétien. Nous ne prolongerons pas cette énumération des incertitudes qui entourent encore le problème de la propagation de l'arithmétique décimale avec valeur de position dans l'Occident de l'Europe et dans le Nord de l'Afrique pendant les siècles qui précèdent et qui suivent la chute de l'Empire Romain. Nous voulons dire seulement que nous avons suivi les documents et les travaux qui ont dû nous paraître les plus dignes de confiance, mais que nous sommes tout prêt à accueillir les nouveaux résultats auxquels la découverte de faits ou de documents inconnus jusqu'à présent peut donner lieu.

*) Comparer Rosen, *the algebra of Mohammed Ben Musa*, pag. VIII à XI et pag. 196 à 199.
**) Comparer *Journal asiatique*, Cahier de Février — Mars 1853, pag. 251 à 253.

position et emploi d'un signe pour les places vides, des méthodes semblabes, quoique moins parfaites, et un système de numération peu différent sont décrits par un auteur romain du sixième siècle et attribués par lui aux Pythagoriciens.

On se demande si les Grecs et les Indiens ont cultivé ces sciences et fait ces découvertes indépendamment les uns des autres, ou s'il y a eu communication de connaissances scientifiques entre les deux nations, et en ce cas, laquelle des deux a donné et laquelle reçu.

Les documents qui ont formé l'objet principal de la présente notice, ne fournissent aucun moyen nouveau pour la solution de ces questions, mais ils renferment un fait qui appartient au même ordre d'idées, et que nous signalons encore à l'attention des lecteurs.

C'est que dans le quatrième et dans le cinquième des cinq passages ci-dessus extraits de la traduction latine du traité d'arithmétique d'Alkhârizmi, l'idée des fractions sexagésimales est expressément attribuée aux Indiens, tandis que les mêmes fractions se trouvent aussi dans l'ouvrage de Ptolémée et que Théon dans son commentaire [*] expose les principes et les règles du calcul de ces fractions sans donner à entendre en aucune façon que ce soit une invention étrangère.

Remarquons cependant que plus on découvre de pareilles conceptions scientifiques communes aux Grecs et aux Indiens, et plus il devient invraisemblable que les deux peuples y soient arrivés indépendamment.

Colebrooke dont le jugement sera toujours d'une grande autorité, tant à cause de ses connaissances profondes et étendues, qu'à cause du calme et de l'impartialité qu'il apporte dans l'examen de ces questions, admet pour les fractions sexagésimales que les Indiens les ont empruntées aux Grecs [**]), et les expressions dont Ptolémée se sert au commencement du 9ᵉ chapitre du premier livre de l'Almageste, sont de nature à faire supposer qu'il donne l'introduction des fractions sexagésimales dans les calculs astronomiques comme sa propre invention.

Pour l'astronomie Colebrooke a émis l'opinion que c'est indubitable, et pour

---

[*] Κλ. Πτολεμαίου μεγάλης συντάξεως βιβλ. ιγ. Θέωνος Ἀλεξανδρέως εἰς τὰ κατὰ ὑπομνημάτων βιβλ. ιζ· CLAUDII PTOLEMAEI MAGNAE CONSTRUCTIONIS, Idest Perfectae coelestium motuum pertractationis, LIB. XIII. THEONIS ALEXANDRINI IN EOSDEM COMMENTARIORUM LIB. XI. Basileae apud Joannem Walderum An. MD. XXXVIII. Cum Privilegio Caesareo ad quinquennium. Voir pag. 39, lig. 17 et suiv. du commentaire de Théon : Περὶ τῆς πηλικότητος τῶν ἐν κύκλῳ εὐθειῶν.

[**] Voir Algebra with arithmetic and mensuration etc., page LXXX et suiv., la note O, intitulée: « Communication of the Hindus with western nations on Astrology and Astronomy », et particulièrement le passage suivant de cette note (page LXXXI, lig. 18 à 21)) : « With the sexagesimal fractions, the introduction of which is by Wallis ascribed to Ptolemy among the Greeks, the Hindus have adopted for the minute of a degree, besides a term of their own language, cala, one taken from the Greek λεπτά scarcely altered in the Sanscrit lipta.»

l'algèbre possible, si non probable, que les Indiens ont reçu certaines communications des Grecs *).

En ce qui concerne enfin l'emploi des chiffres, il paraît d'après un mémoire publié par M. Prinsep dans le Journal de la Société asiatique du Bengale **), que cet emploi existait dans l'Inde en 330, 335 et 395 de l'ère de Vikramâditya (commenc. en 56 avant J.-C.), donc dès la première moitié du IV.ᵉ siècle de notre ère. Ces dates sont exprimées en chiffres sur des plaques de cuivre contenant des actes de donation. Mais il résulte d'un examen renouvelé auquel M. E. Thomas a soumis ces plaques ainsi qu'un grand nombre de monnaies d'une dynastie de Sourâchtra sur lesquelles se trouvent les mêmes chiffres, que ceux-ci ne comportent ni la valeur de position, ni l'usage d'un signe pour zéro. ***) M. Thomas place la dynastie qui a fait frapper ces monnaies, entre 180 et 50 avant J.-C.

---

*) *Algebra with arithmetic and mensuration etc.*, pag. XXIII, lig. 28 à pag. XXIV, lig. dernière: « Whatever may have been the period when the notion first obtained, that foreknowledge of events on earth might be gained by observations of planets and stars, and by astronomical computation; or wherever that fancy took its rise; certain it is, that the Hindus have received and welcomed communications from other nations on topics of astrology: and although they had astrological divinations of their own as early as the days of Parasara and Garga, centuries before the Christian era, there are yet grounds to presume that communications subsequently passed to them on the like subject, either from the Greeks, or from the same common source (perhaps that of the Chaldeans) whence the Greeks derived the grosser superstitions engrafted on their own genuine and ancient astrology, which was meteorological. This opinion is not now suggested for the first time. Former occasions have been taken of intimating the same sentiment on this point: and it has been strengthened by further consideration of the subject. As the question is closely connected with the topics of this dissertation, reasons for this opinion will be stated in the subjoined note. (Note O.) Joining this indication to that of the division of the zodiac into twelve signs, represented by the same figures of animals, and named by words of the same import with the zodiacal signs of the Greeks; and taking into consideration the analogy, though not identity, of the Ptolemaic system, or rather that of Hipparchus, and the Indian one of excentric deferents and epicycles, which in both serve to account for the irregularities of the planets, or at least to compute them, no doubt can be entertained that the Hindus received hints from the astronomical schools of the Greeks. It must then be admitted to be at least possible, if not probable, in the absence of direct evidence and positive proof, that the imperfect algebra of the Greeks, which had advanced in their hands no further than the solution of equations involving one unknown, as it is taught by Diophantus, was made known to the Hindus by their Grecian instructors in improved astronomy. But, by the ingenuity of the Hindu scholars, the hint was rendered fruitful, and the algebraic method was soon ripened from that slender beginning to the advanced state of a well arranged science, as it was taught by Aryabhatta, and as it is found in treatises compiled by Brahmegupta and Bhascara, of both which versions are here presented to the public. » — Ce jugement de Colebrooke est confirmé en ce qui concerne les théories astronomiques des Indiens, par les remarquables « ÉTUDES SUR L'ASTRONOMIE INDIENNE » que M. BIOT vient de publier dans le *Journal des Savants* (Cahiers d'avril à septembre 1850).

**) THE JOURNAL OF THE ASIATIC SOCIETY OF BENGAL. *Vol.* VII. *Calcutta*. 1838. Pag. 348 et suiv. PRINSEP. *On the Ancient Sanskrit Numerals*.

***) THE JOURN. OF THE ROYAL ASIATIC SOCIETY OF GREAT—BRITAIN AND IRELAND. *Vol.* XII. (1850). Pag. 1 à 77. *On the Dynasty of the Sah Kings of Surashtra*. By EDWARD THOMAS.

Il n'est peut-être pas inutile de faire observer que l'époque des plaques de cuivre que mentionne M. Prinsep, et non moins celle des monnaies dont nous venons de parler, sont postérieures aux conquêtes d'Alexandre et à l'importation en Asie des sciences et des idées grecques à laquelle donna lieu la fondation des empires de ses successeurs. Les monnaies de la dynastie de Sourâchtra portent des légendes grecques en même temps que des légendes sanscrites. Il serait donc bien à désirer qu'on découvrît, si cela est possible, des preuves d'un emploi des chiffres dans l'Inde antérieurement au temps de l'expédition d'Alexandre.

ADDITION.

I.

SOMMAIRE DU LIBER ABBACI.

Ne pouvant donner en cet endroit une analyse du Liber Abbaci, sujet qui formerait à lui seul la matière d'une publication à part, nous en présentons du moins une table du contenu. Nous extrayons cette table de l'ouvrage même de Léonard de Pise, attendu qu'au commencement de la plupart des chapitres on trouve une énumération des sections qui composent le chapitre, et une courte indication des objets dont elles traitent.

I. *De cognitione novem figurarum Indorum, et qualiter cum eis omnis numerus scribatur; et qui numeri et qualiter retineri debeant in manibus, et de introductionibus abbaci.*

II. *De multiplicatione integrorum numerorum.*

1. De multiplicatione duarum figurarum contra duas atque unius figurae contra plures.
2. De multiplicatione trium figurarum contra tres, atque duarum figurarum in tribus.
3. De multiplicatione quatuor figurarum contra quatuor, etiam duarum figurarum et trium in quatuor figuris.
4. De multiplicatione quinque figurarum in quinque.
5. De multiplicatione plurium figurarum quam quinque, qualiter multiplicentur ad invicem.
6. De multiplicatione duarum figurarum per duas, atque unius figurae contra plures, qualiter cordetenus in manibus multiplicentur.
7. De multiplicatione trium figurarum per tres similiter qualiter in manibus cordetenus multiplicentur.
8. De multiplicatione omnium numerorum per alium modum. *)

III. *De additione integrorum numerorum.*

---

*) *Il Liber Abbaci*, Pag. 19, lig. 4 à 30.

IV. *De extractione minorum numerorum ex majoribus.*
V. *De divisione integrorum numerorum.* *)
1. Qualiter minuta numerorum perfecte scribantur.
2. De divisione numerorum per numeros primi gradus.
3. De divisione numerorum cordetenus in manibus per eosdem numeros.
4. Divisiones numerorum per numeros incompositos secundi gradus.
5. De reperiendis compositionibus numerorum.
6. Divisio numerorum per numeros asbam tertii et quarti gradus.
VI. *De multiplicatione integrorum numerorum cum ruptis atque ruptorum sine sanis.*
1. De multiplicatione numerorum integrorum cum uno rupto sub una virgula.
2. De multiplicatione numerorum cum duobus et tribus ruptis sub una virgula.
3. De multiplicatione numerorum cum duobus ruptis sub duabus virgulis.
4. De multiplicatione numerorum cum duabus virgulis cum pluribus ruptis.
5. De multiplicatione numerorum cum tribus virgulis.
6. De multiplicatione ruptorum sine sanis.
7. De multiplicatione numerorum et ruptorum quorum virgae terminantur in circulo.
8. De multiplicatione partium numerorum cum ruptis.
VII. *De additione ac extractione et divisione numerorum integrorum cum ruptis, atque partium numerorum in singulis partibus reductione.*
1. De additione unius virgulae cum alia et extractione unius virgulae de alia et divisione unius virgulae per aliam.
2. De additione et extractione duarum virgularum cum duabus, et de divisione earum ad invicem.
3. De divisione integrorum numerorum per integros et ruptos et eorum contrario.
4. De additione et extractione et divisione integrorum numerorum cum ruptis cum integris et ruptis.
5. De additione et extractione seu divisione partium numerorum cum ruptis.
6. De reductione plurium partium in singulis partibus.
VIII. *De emptione et venditione rerum venalium et similium.*
1. De venditione cantarium et earum rerum quae ad pondus vel numerum venduntur.
2. De eis quae ad toloneum seu ad cambium pertinent, ut soldus, libra, vel marca argenti, uncia auri et similia.

---

*) La table des sections de ce chapitre est omise dans le texte publié. Nous l'avons facilement rétablie en examinant le contenu du chapitre.

3. De venditione cannarum, ballarum, torscelli et similium.
4. De reductione rotulorum unius cantaris ad rotulos cujuslibet alterius cantarium, secundum ejus diversitatem.

IX. *De baractis rerum venalium et de emptione bolsonaliae, et quibusdam regulis similibus.*
1. De baractis rerum venalium.
2. De emptione bolsonaliae secundum modum baractae.
3. De regulis equorum hordeum comedentium in constitutis diebus.

X. *De societatibus factis inter consocios.*
1. De societate duorum hominum.
2. De societate trium hominum.
3. De societate quatuor hominum.

XI. *De consolamine monetarum atque eorum regulis quae ad consolamen pertinent.*
1. De consolamine monetae ex data argenti vel aeris quantitate.
2. De consolamine in quo monetae ponuntur quantitative ex quibus alia moneta informatur, in cujus libra minus argenti habeatur quam in praepositis monetis, quod consolamen sine additione cupri esse non potest.
3. Cum monetae similiter ponuntur quantitative, et volueris ex eis facere monetam in cujus libra sit plus argenti quam in ipsa, quae sine additione argenti esse non potest.
4. Cum monetae ponuntur sine quantitate ex quibus volueris facere aliquam positam quantitatem cujuslibet minoris monetae cum additione aeris.
5. Cum monetae ponuntur similiter sine quantitate, ex quibus volueris facere aliquam positam quantitatem cujuslibet majoris monetae cum additione argenti.
6. De ipsis monetis quae sunt minores et majores illa moneta quam volueris facere, quod consolamen sit sine aeris vel argenti additione.
7. De regulis ad consolamen pertinentibus.

XII. *De solutionibus multarum positarum quaestionum quas erraticas appellamus.*
1. De collectionibus numerorum et quibusdam aliis similibus quaestionibus.
2. De proportionibus numerorum per regulam quartae proportionis.
3. De quaestionibus arborum atque aliarum similium.
4. De inventione bursarum.
5. De emptione equorum inter consocios secundum datam proportionem.
6. De viagiis atque iis quaestionibus quae habent similitudinem viagiorum quaestionibus.
7. De erraticis quae ad invicem in eorum regulis variantur.
8. De quibusdam indivinationibus.

9. De duplicatione scacherii et quibusdam aliis quaestionibus.

XIII. *De regula elcataym qualiter per ipsam fere omnes abaci quaestiones solvantur.*

1. De quibusdam ex quaestionibus quae solutae sunt per primas regulas in praecedentibus capitulis.
2. De solutione quarundam aliarum quaestionum de quibus nulla fuit mentio in hoc libro.

XIV. *De reperiendis radicibus quadratis et cubicis et multiplicatione et divisione seu extractione earum inter se et de tractatu binomiorum et recisorum et eorum radicum.* *)

1. De inventione radicum quadratarum.
2. De linea ratiocinata et media; de sex binomiis et recisis; de eorundem radicibus sive duodecim reliquis lineis irrationalibus.
3. De multiplicatione radicum per radices, vel numeros.
4. De multiplicatione radicis radicis per radicem radicis, vel radicem, vel numerum.
5. De additione radicis cum numero; de extractione radicis de numero, vel numeri de radice, vel radicis de radice; de additione vel extractione duarum radicum commensurabilium.
6. De additione vel extractione numeri, vel radicis, vel radicis radicis cum radice radicis.
7. De divisione numeri per radicem, vel radicis per numerum, vel radicis per radicem.
8. De divisione numeri, vel radicis, vel radicis radicis per radicem radicis et vice versa.
9. De quadratis conjunctorum e radice binomii et radice recisi eorundem nominum.
10. De multiplicatione binomiorum per binomia, vel recisorum per recisa quorum nomina sint numeri, vel radices, vel radices radicum.
11. De multiplicatione binomiorum per sua recisa, vel per recisa diversa, quorum nomina sint numeri, vel radices, vel radices radicum.
12. De divisione binomii, vel recisi per numerum, vel radicem, vel radicem radicis et vice versa.
13. De divisione numeri, vel radicis, vel radicis radicis per binomia et recisa, quorum nomina sint numerus et radix radicis, vel radix et radix radicis, vel binae radices radicis.
14. De divisione numeri per composita vel recisa trium nominum.

---

*) La table des sections qu'on trouve pag. 353 lig. 5 à 7 du Liber Abbaci nous ayant paru trop inexacte, nous la remplaçons par une indication plus complète des matières traitées dans ce chapitre, d'après un examen détaillé de son contenu.

15. De inventione radicum binomiorum et recisorum.
16. De inventione radicum cubicarum.
17. De earundem multiplicatione, divisione, additione et disgregatione.

XV. *De regulis geometriae pertinentibus et de quaestionibus aliebrae et almuchabalae.*
1. De proportionibus trium et quatuor quantitatum, ad quas multae quaestionum geometriae pertinentium solutiones rediguntur.
2. De solutione quarumdam quaestionum geometricalium.
3. Super modum algebrae et almuchabalae.

 Les sept premiers chapitres sont très-importants pour l'histoire de l'arithmétique *), tandis que les chapitres VIII à XIII nous paraissent offrir un grand intérêt, non seulement pour l'histoire des sciences, mais aussi pour l'histoire de la civilisation, et plus particulièrement du commerce italien, au moyen âge. Dans ces chapitres, parmi lesquels le XIIe est le plus riche en matière, nous avons remarqué, outre la sommation de progressions arithmétiques et géométriques et de certaines suites de carrés, un très-grand nombre de problèmes semblables à ceux traités dans le *Flos* et dans l'*Epistola ad Magistrum Theodorum*, et notamment des problèmes indéterminés du premier degré.

 Quant au XVe chapitre, dont la troisième partie n'est autre chose qu'un traité d'algèbre, et qui renferme aussi certains problèmes indéterminés du second degré, nous n'avons pas besoin de nous étendre sur sa haute importance pour l'histoire de cette branche des mathématiques. Cette importance est déjà suffisamment connue et appréciée. On sait que M. Libri a publié ce chapitre parmi les pièces justificatives jointes au second volume de son Histoire des sciences mathématiques en Italie; et nous avons examiné, dans un autre écrit **), les rapports qui existent entre les problèmes de ce chapitre et ceux des traités d'algèbre d'Alkarkhi et de Mohammed Ben Mouçâ. Nous nous bornerons ici à signaler comme fort remarquable l'emploi de deux inconnues, désignées respectivement par les mots *res* et *de-*

---

*) Nous ne saurions manquer de signaler dès à présent deux particularités dont on trouve dans ces chapitres des exemples nombreux, et qu'il faut compter parmi les matériaux les plus remarquables pour éclaircir la question des rapports qui existent entre les travaux de Léonard de Pise et ceux des mathématiciens arabes. C'est la manière dont Léonard de Pise écrit les nombres composés d'entiers et de fractions, en plaçant les entiers à droite de la fraction, et sa manière de transformer les fractions dont les dénominateurs sont décomposables en facteurs; procédés conformes à ceux des arithméticiens arabes. Mais nous réservons une discussion approfondie de ce point à la seconde partie d'un travail dont la première partie, devant former un recueil de pièces justificatives, tirées de mss. arabes inédits, a déjà commencé à paraître dans les Actes de l'Académie.

**) Extrait du Fakhri, pag. 21 à 30.

narius *) , dans deux solutions de problèmes algébriques qu'on trouve pag. 435 , lig. 33 à pag. 436, lig. 23, et pag. 455, lig. 14 à lig. dernière du Liber Abbaci. C'est M. le Prince Boncompagni qui a remarqué ce fait très-intéressant, et qui a bien voulu nous communiquer cette observation.

Le XIV.ᵉ chapitre qui traite des quantités irrationnelles, nous a également paru digne d'une attention particulière. L'analyse de la théorie d'Euclide, la mention de quantités irrationnelles de trois noms, les méthodes d'extraction numérique des racines qu'on trouve dans ce chapitre, mériteraient toutes d'être spécialement discutées. Mais nous ne parlerons ici que d'une observation ingénieuse concernant la théorie des quantités irrationnelles qui nous parait faire beaucoup d'honneur à Léonard de Pise, si elle lui appartient en propre, et s'il ne l'a pas puisée à une source arabe ou autre.

Euclide avait démontré que les racines carrées des six droites de deux noms sont respectivement les six irrationnelles formées « par composition » suivant l'ordre. Léonard de Pise examine de plus près la nature des racines des trois dernières binomiales; et en poursuivant l'idée qui le guide dans cet examen, il arrive à la remarque dont nous voulons parler. Après avoir exposé d'abord que la racine de la quatrième de deux noms est une quantité composée de deux droites dont l'une est la racine de la quatrième de deux noms et dont l'autre est la racine de l'apotome correspondant, et que la racine de la cinquième et de la sixième de deux noms est une quantité composée de deux droites dont l'une est la racine de la cinquième ou de la sixième de deux noms et dont l' autre est la racine de l'apotome correspondant, il continue : « Et notandum, quod conjunctum ex radicibus primi binomii et ejus recisi est radix numeri tantum »; et après avoir fait suivre une démonstration de cette proposition, il ajoute : « Similiter eodem modo ostendetur, conjunctum ex radicibus binomii secundi et tertii, et ex eorum recisis esse semper radicem radicis numeri. »

En adoptant les formules que nous avons données à une autre occasion **), on vérifie sur le champ ces trois propositions de Léonard de Pise, car on a :

---

*) Un emploi tout à fait semblable de deux inconnues se trouve chez des algébristes arabes. Voir *Extrait du Fakhri*, pag. 11; *Journal asiatique*, Cahier d'Octobre - Novembre 1854, pag. 380 à 383; *The algebra of Mohammed Ben Musa*, pag. 169 à 171.

**) Voir le mémoire ci-dessus cité, intitulé: *Essai d'une restitution de travaux perdus d'Apollonius* etc. Pag. 26 du tirage à part.

$$\sqrt{n+\sqrt{n^2-1}} + \sqrt{n-\sqrt{n^2-1}} = \sqrt{2(n+1)},$$

$$\sqrt{\frac{m'n}{\sqrt{n^2-1}}+m'} + \sqrt{\frac{m'n}{\sqrt{n^2-1}}-m'} = \sqrt{2m'}\sqrt{\frac{n+1}{n-1}},$$

$$\sqrt{\frac{n\sqrt{m'}}{\sqrt{n^2-1}}+\sqrt{m'}} + \sqrt{\frac{n\sqrt{m'}}{\sqrt{n^2-1}}-\sqrt{m'}} = \sqrt{2\sqrt{m'}}\sqrt{\frac{n+1}{n-1}}.$$

Mais la démonstration de ces vérités nous est bien plus facile maintenant que leur découverte ne l'était à Léonard de Pise, et nous voyons dans ces théorèmes une addition notable à la théorie d'Euclide.

II.

« Au nom de Dieu clément et miséricordieux, c'est en Lui que je mets ma confiance. Louons Dieu de la louange de ceux qui rendent grâces. Je témoigne qu'il n'y a d'autre Dieu que Dieu seul, et qu'il n'a pas de compagnon, ce qui est le témoignage des adorateurs sincères. Je témoigne que Mohammed est son serviteur, son prophète, et le seigneur des apôtres. Que la bénédiction et le salut divins soient sur eux tous, et que les compagnons de Mohammed et leurs disciples, et les disciples de ces disciples soient agréables à Dieu dont le nom soit exalté, et l'objet de ses bienfaits, jusqu'au jour du jugement. »

« Pour en venir au fait; le pauvre devant la miséricorde de son Seigneur, Mohammed Sibth Almâridini, le mowakkit [*], le châféite, que Dieu pardonne à lui, à ses parents et à tous les croyants, dit : il n'y a pas de plus beau parmi les calculs des opérations relatives à la sphère, que la méthode du calcul du rapport sexagésimal qui est employée dans notre temps actuel, attendu qu'on a abandonné la méthode des (mathématiciens des temps) antérieurs, à cause de sa difficulté et de la multiplicité de ses opérations. Je n'ai pas lu d'ouvrage [**] satisfaisant sur cette branche des sciences, à l'exception de celui de notre chaïkh, l'imâm, le docte, Chehâb Eddin Ahmed Ben Almadjdi, que Dieu dont le nom soit exalté soit miséricordieux envers lui, intitulé : *La révélation des vérités sur le calcul des degrés et des minutes.* Je ne connais point de livre sur cette partie des sciences

---

[*] Comparer *Hadji Khalfa*, éd. de Fluegel, T. III, p. 391. — Le mowakkit est un astronome attaché à une mosquée pour observer et indiquer les heures où se font les prières.
[**] Littéralement: « préface » ou « introduction » (*mokaddimah*); mais ce mot paraît employé ici dans un sens plus large.

antérieur audit ouvrage. Il existe seulement un exposé court et insuffisant du but de cette science par Qoûchyâr *) et d'autres. Cependant (Chehâb Eddin), que Dieu soit miséricordieux envers lui, s'est étendu dans l'ouvrage cité sur l'exposition de la méthode des (mathématiciens des temps) antérieurs, en fait du *maftoûh* **) et du *gobâr*, et a longuement discuté la méthode du rapport, tout en voulant abréger. Il en résulte de la difficulté pour l'explication de cet (ouvrage), à ce point qu'il est impossible d'en comprendre certaines parties, si ce n'est après une longue méditation. »

« Je me suis donc proposé d'en faire un abrégé utile, et d'y exposer ce qu'il est nécessaire de savoir sur le rapport; de développer les endroits où Chehâb Eddin a été trop concis, par des explications faciles à comprendre, et par des exemples nombreux et intelligibles; et de m'abstenir d'une exposition de la méthode des (mathématiciens des temps) antérieurs et de (tout) ce dont on n'a pas besoin. J'ai intitulé ce (traité) : *Les subtilités des vérités sur le calcul des degrés et des minutes;* je l'ai disposé en forme d'une introduction, de dix chapitres, et d'une conclusion, et je prie Dieu le sublime, par son prophète le magnanime, de rendre mon travail profitable; Il est près de nous pour nous exaucer. »

« INTRODUCTION. *De la connaissance des lettres numérales* ***) *employées dans cet art, de la manière de les poser isolément ou combinées les unes avec les autres, de la connaissance des degrés, de leur élévation et de leur abaissement, de la manière de les poser dans leurs ordres, et de la grandeur de leur ouss.*****)»

« Sachez que les ordres élémentaires des nombres sont au nombre de trois : unités, dizaines et centaines, dont chacun comprend neuf *noeuds*. Le nombre des ordres dérivés est illimité; ce sont ceux dans lesquels on emploie le mot « mille », ou « milliers ». On assigne à chacun des ordres élémentaires neuf lettres, une à chaque *noeud*; et on en assigne une au mille, parce qu'on en a besoin dans la

---

*) Glose : « c'est le nom de l'astronome. » — Le nom complet de cet auteur est : Aboùl Haçan Qoùchyâr Ben Labbàn Aldjill. Comparer *Hadji Khalfa*, éd. de Fluegel, T. VII, p 1087 N°. 3323.

**) Glose: « le *fotoûh* est une des espèces du calcul. » — Le *maftoûh* (littéralement: « l'ouvert ») est le calcul de tête, par opposition au calcul par écrit. On l'appelle aussi « le calcul de l'air, » *hiçâb alhaoua*. — Comparer le Catalogue des mss. orientaux de la Bibliothèque Bodléienne, Tome II, pag. 287, note a; et Journal asiatique, cahier d'Octobre–Novembre 1854, page 353, note 1, 3.

***) Le texte arabe porte *hourouf aldjoumal*. Voir sur cette expression DE SACY, GRAMMAIRE ARABE, 2.e édition, Tome I pag. 89, note 2.

****) Le texte arabe porte ici, et à plusieurs reprises dans les dernières lignes de cette préface, la voyelle *ou*; les dictionnaires donnent les trois formes : *ass, iss*, et *ouss*. L'*ass* ou *ouss* est le nombre qui indique le rang de l'ordre sexagésimal ou sexagène auquel appartient le nombre qu'il s'agit d'exprimer. — Comparer Journal asiatique, cahier d'oct. — nov. 1854, pages 353, 364, 367, 368. Recherches sur plusieurs ouvrages de Léonard de Pise découverts et publiés par M. le Prince Balthasar Boncompagni II. Traduction du traité d'arithmétique d'Alkalçâdi. Rome 1859. Pages 10, 51, 57, 58.

composition (des nombres). L'ensemble de ces lettres dans leurs ordres forme donc neuf mots, à savoir :

أَيْقَغْ بَكْرْ جِلَقْ دَنْتْ هَنْثْ وَسْخْ رَغَذْ حَفَشْ ظَمَظْ

La première lettre de chacun de ces mots *) appartient à l'ordre des unités, la seconde à l'ordre des dizaines, la troisième à l'ordre des centaines, et la quatrième lettre du premier mot est de l'ordre des mille ».

« La première lettre du premier mot, qui est l'*élif*, représente donc l'unité; la seconde, qui est le *yá*, dix; la troisième qui est le *káf*, cent; la quatrième, qui est le *ghaïn*, mille. La première du second mot, qui est le *bá*, deux; la seconde, qui est le *qáf*, vingt; la troisième, qui est le *rá*, deux cent. La première du troisième mot, qui est le *djím*, trois; la seconde, qui est le *lám*, trente; la troisième, qui est le *chín*, trois cent. Le *dál*, quatre; le *mím*, quarante; le *tá*, quatre cent. Et ainsi de suite, de sorte que la première lettre du dernier mot, qui est le *thá*, représente neuf; la seconde, qui est le *çád*, quatre-vingt dix; et la troisième, qui est le *zhá*, neuf cent. »

» On combine ces lettres suivant le besoin, en faisant précéder celle qui est plus petite, de celle qui est plus grande. On écrit donc quarante cinq comme il suit : مه , en faisant précéder le cinq du quarante; et trente six ainsi : لو ; et vingt trois ainsi : كح «

» Chaque *noeud* des dizaines est employé avec toutes les unités, et chaque *noeud* des centaines avec toutes les unités et dizaines. Si les mille sont au nombre de plusieurs, on fait précéder la lettre *ghaïn* de celle de ces lettres qui exprime le nombre des mille. On écrit donc cinq mille ainsi : غه . Mais on n'a pas besoin de ces (dernières) quantités dans l'art dont il s'agit ici. »

» On emploie ces lettres dans les tables relatives à la sphère, parce qu'elles sont moins longues à écrire que **) les (chiffres) indiens. »

« Sachez que tous les problèmes du calcul s'appliquent aux opérations des degrés et de leurs espèces. Seulement ce qui distingue les fractions du calcul (ordinaire) de celles des degrés, c'est que les premières sont rapportées à des dénominateurs nombreux et à beaucoup d'éléments, tandis que celles-ci sont rapportées à un seul dénominateur, qui est soixante. On a choisi ce dénominateur dans tous

---

*) Nous avons transcrit ces neuf mots exactement comme ils se trouvent dans l'original arabe, où l'écriture procède (comme on sait) de droite à gauche. Le premier mot est donc le premier à droite, le second celui qui suit en allant vers la gauche etc.; et la première lettre de chaque mot est la première à droite.

**) Littéralement : « parce qu'elles sont plus courtes que ».

les calculs de cette science à cause du grand nombre de ses diviseurs. Et voici comment on procède. On divise la circonférence de tout cercle de la sphère en trois cent soixante parties égales, et on appelle chacune de ces parties un degré. On divise chaque degré en soixante parties, dont on appelle chacune une minute. On divise pareillement chaque minute en soixante parties, dont on appelle chacune une seconde, que l'on divise à son tour en soixante parties, en appelant chacune de ces dernières une tierce, et ainsi de suite jusqu'à l'infini, en descendant. Ensuite en procédant d'une manière analogue, on élève les degrés, en en prenant chaque soixantaine comme une unité, et en appelant cela « élevé une fois » ; de cela on élève de nouveau chaque soixantaine à une unité, et on appelle cela « élevé deux fois »; et ainsi de suite jusqu'à l'infini, en montant. Ceci est la dénomination communément adoptée relativement aux élévations. Il y a aussi des personnes qui appellent ces (divers ordres respectivement) élevé, secondaire, ternaire, en dérivant (ces noms de ceux) des (ordres descendants) correspondants. »

« A chacun des ordres descendants il correspond un ordre ascendant, de telle sorte que les degrés en forment comme le milieu. L'ordre des degrés est donc semblable aux unités; l'élevé simple aux dizaines, l'élevé double aux centaines, et ainsi de suite en continuant à volonté. D'un autre côté les minutes sont semblables aux dixièmes, les secondes aux dixièmes de dixièmes, et ainsi de suite. Toutefois le rapport d'un *noeud* quelconque d'un ordre quelconque au *noeud* correspondant de l'ordre suivant est là un dixième, et ici le sixième d'un dixième, parce que la limite de tous les *noeuds* est là neuf et ici cinquante neuf. Comme tous les *noeuds* de ces ordres sont plus petits que soixante, on n'a pas besoin, dans ces ordres, des lettres qui dépassent (en valeur numérique) cinquante neuf. Toutes les lettres (qu'on emploie) sont donc au nombre de quatorze qu'on réunit dans les quatre mots suivants

ابجد هوز حطی کلن

Il ne peut y avoir de l'incertitude que relativement à deux de ces lettres, qui sont le *noûn* (qu'on pourrait confondre) avec le *yá*; et le *djîm* (qu'on pourrait confondre) avec le *há*. On est convenu, à cause de cela, de donner toujours le point au *noûn*, à l'exclusion des autres (lettres), et à couper le *djîm* de la manière suivante: ح. Dans les opérations relatives aux coascendants et à d'autres quantités semblables on a encore besoin de sept autres lettres, à savoir

معفص قرش

c'est là la limite de la division des cercles de la sphère. *) »

---

*) Le cercle étant divisé en 360 degrés, on a besoin des lettres numérales jusqu'à celle inclusivement qui représente 300, et qui est le ش.

« Quant à la manière de poser ces lettres dans leurs ordres, elle consiste à placer les degrés et les ordres descendants suivant la direction d'une ligne en allant de droite à gauche, et à poser les ordres ascendants suivant la direction de la même ligne en allant de gauche à droite, en sorte que les degrés se trouvent au milieu. Si dans quelques uns de ces ordres il ne se trouve pas de nombre, posez à sa place un zéro *) qui maintiendra les nombres dans leurs ordres de manière à empêcher que l'espèce d'un nombre ne soit changée. La forme du zéro est comme il suit : ... , ou ... , ou ... **). Il faut distinguer l'ordre des degrés par une marque lorsqu'il est accompagné d'ordres ascendants, et il est utile d'indiquer le nom du dernier des ordres. »

« Quant à l'*ouss*, ce terme signifie chez les calculateurs le nombre de l'ordre du nombre, et ici la distance de l'ordre d'un nombre aux degrés, que cet ordre soit ascendant ou descendant. Les degrés n'ont donc pas d'*ouss* ; l'*ouss* des minutes et de l'élevé simple est un, l'*ouss* des secondes et de l'élevé double est deux, et ainsi de suite. »

Ici se termine la préface du traité de Mohammed Sibth Almâridini. Voici les titres des dix chapitres et de la conclusion.

I. De l'addition.
II. De la soustraction.
III. De la table sexagésimale ***), ainsi nommée d'après le rapport sexagésimal, et de la raison pourquoi on l'a dressée.
IV. De la détermination de l'espèce du produit de la multiplication.
V. De la multiplication des quantités composées de deux ou plusieurs ordres.
VI. De la détermination de l'espèce du résultat de la division.
VII. De la division.
VIII. De ce qui se rattache à la division en fait de perfectionnements et de méthodes élégantes et abrégées.
IX. De l'extraction de la racine.
X. De la preuve.
Conclusion. De l'interpolation.

---

*) *Cifron.*
**) Voici comment ces trois signes sont figurés dans le texte ms. arabe :

Une glose marginale ajoute encore les deux variantes suivantes de cette forme du zéro sexagésimal

C'est celui des trois premiers signes qu'on voit placé à droite, qui est employé dans la suite du texte manuscrit.
***) C'est la table de multiplication sexagésimale.

A la fin du cinquième chapitre nous avons trouvé une application remarquable à la multiplication des quantités sexagésimales, d'une méthode intéressante, employée dans l'arithmétique décimale des Arabes, paraissant leur venir des Indiens, et que l'on retrouve, un peu modifiée il est vrai, dans le Liber Abbaci de Léonard de Pise *).

Nous pensons faire une chose utile en reproduisant ici trois tableaux proposés dans le traité de Mohammed Sibth Almàridini comme exemples de cette méthode. Dans cette reproduction nous avons remplacé les lettres numérales de l'original arabe par des nombres écrits en chiffres modernes. Nous croyons superflu de rien ajouter pour l'éclaircissement de ces tableaux qui s'expliquent suffisamment d'eux-mêmes.

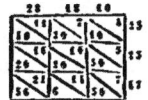

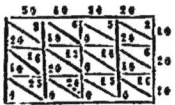   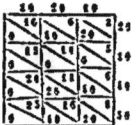

---

*) *Algebra, with arithmetic and mensuration etc.* pag. 7, note 1. — THE KHOOLASUT-OOL-HISAB, *a compendium of arithmetic and geometry, in the arabic language*, by BUHAE-OOD-DEEN, *of Amol in Syria, with a translation into persian and commentary, etc.* Calcutta, 1812. Pag. 92 à 101. — Recherches sur plusieurs ouvrages de Léonard de Pise découverts et publiés par M. le Prince Balthasar Boncompagni. II. Traduction du traité d'arithmétique d'Alkalçàdi. Rome, 1859. Pag. 13 et 14. — *Il Liber Abbaci* etc., pag. 19.

ERRATA

Pag. 2, *lig.* 15 : quelque fois ; *lisez* : quelquefois.
Pag. 4, *lig.* 7 ; *séparez* : his-toire.
Pag. 6, *lig.* 2 *en remontant* : BEDANI ; *lisez* : BEDAM.
Pag. 8, *lig.* 22 : Remosque ; *lisez* : Remosque.
Pag. 27, *lig.* 11 : PLANVDE ; *lisez* : PLANUDE.
Pag. 31, *lig.* 19 : proprior ; *lisez* : propior.
Pag. 32, *lig.* 11 : III pira ; *lisez* : IV pira.
Pag. 41, *lig.* 30 : μετὰ , αὐτη, ; *lisez* : μετὰ · αὐτη·
Pag. 42, *lig.* 2 *en remontant, après la fin de la deuxième note*, *ajoutez* : Il se peut aussi que dans la rédaction originale du traité de Planude il se soit trouvé, entre le présent exemple et les trois précédents, un exemple de la division d'un nombre composé de trois ou plusieurs chiffres par un nombre décadique, et que cet exemple ait été omis par les copistes.
Pag. 43. Les chiffres du tableau qui représente la division de 856978 par 24, s'étant dérangés pendant le tirage, nous reproduisons ici ce tableau en plaçant les chiffres dans des cases, afin d'en montrer exactement la disposition, et de prévenir qu'un accident semblable ne puisse arriver pendant le tirage de la présente page. Voici le tableau dont il s'agit :

	1	3	6	1				1	
	2		3	2		3			
8		5	6	9	7		8	1	0
3		5	7	0	7				
2		4							

Pag. 43, *lig.* 2 et 3 *en remontant* : ωσακις ; *lisez* : ἰσακις.
Pag. 43, *lig.* 25. Les mots διὰ ταῦτα πάλιν ὑπὸ τὸν 7 τὰ 3 τίθημι , qui reviennent une ligne plus loin, paraissent devoir être supprimés et ne se trouver ici que par suite d'une erreur de copiste.
Pag. 56, *lig.* 7 *en remontant, supprimez les mots* : de poussière de pipe, ou.
Pag. 58, *lig.* 11 *en remontant* : Πτολεμαιου ; *lisez* : Πτολεμαιου.
Pag. 58, *lig.* 4 *en remontant* : 21)) ; *lisez* : 21).

—➤✦❈✦◀—

IMPRIMATUR
Fr. Th. M. Larco Ord. Praed. S. P. A. Mag. Soc.
IMPRIMATUR
Fr. A. Ligi-Bussi Min. Conv. Archiep. Icon. Vicesg.

www.ingramcontent.com/pod-product-compliance
Lightning Source LLC
LaVergne TN
LVHW051513090426
835512LV00010B/2506